BestMasters

Mit „BestMasters“ zeichnet Springer die besten Masterarbeiten aus, die an renommierten Hochschulen in Deutschland, Österreich und der Schweiz entstanden sind. Die mit Höchstnote ausgezeichneten Arbeiten wurden durch Gutachter zur Veröffentlichung empfohlen und behandeln aktuelle Themen aus unterschiedlichen Fachgebieten der Naturwissenschaften, Psychologie, Technik und Wirtschaftswissenschaften.
Die Reihe wendet sich an Praktiker und Wissenschaftler gleichermaßen und soll insbesondere auch Nachwuchswissenschaftlern Orientierung geben.

Gesche Berkhan

Biosynthetische Bildung des Ambruticin Ostfragments

In-vitro-Studien

Gesche Berkhan
Hannover, Deutschland

BestMasters
ISBN 978-3-658-09407-2 ISBN 978-3-658-09408-9 (eBook)
DOI 10.1007/978-3-658-09408-9

Die Deutsche Nationalbibliothek verzeichnet diese Publikation in der Deutschen Nationalbibliografie; detaillierte bibliografische Daten sind im Internet über http://dnb.d-nb.de abrufbar.

Springer Spektrum

Gedruckt auf säurefreiem und chlorfrei gebleichtem Papier

Springer Fachmedien Wiesbaden ist Teil der Fachverlagsgruppe Springer Science+Business Media (www.springer.com)

Danksagung

Zunächst möchte ich Herrn Dr. Frank Hahn für das interessante und fächerübergreifende Thema, sowie die stets gute und enge Betreuung bei der Durchführung dieser Masterarbeit danken.

Herrn Prof. Dr. Mike Boysen danke ich für die Übernahme des Koreferats.

Bei den Arbeitskreisen Hahn und Kirschning möchte ich mich für die nette Aufnahme, die stete Hilfsbereitschaft und die unterhaltsamen Kaffeepausen bedanken. Ein spezieller Dank geht an meine Laborkollegen Steffen Friedrich, Nadine Kandziora, Franziska Hemmerling und Katja Hermane. Durch euch wurde der Laboralltag nie langweilig.

Gerrit Jürjens möchte ich für die große Hilfsbereitschaft bei all meinen Synthese- und Theoriefragen danken.

Für das Korrekturlesen dieser Arbeit danke ich Steffen Friedrich, Franziska Hemmerling, Gerrit Jürjens und Dr. Sascha Ceylan.

Ein großer Dank gilt meiner Familie, besonders meinen Eltern, die mich während meines gesamten Studiums unterstützt haben und ohne die so ein sorgenfreies Studium nicht möglich gewesen wäre.

Ein besonderer Dank gilt Sascha für die große Unterstützung während dieser Arbeit und für den stetigen Rückhalt.

Gesche Berkhan

Inhaltsverzeichnis

Abkürzungsverzeichnis

$[\alpha]_D^{20}$	Drehwert
°C	Grad Celsius
µg	Mikrogramm
µL	Mikroliter
µm	Mikrometer
µM	Mikromolar
ACP	*Acyl-Carrier-Protein*
Äq.	Äquivalente
APS	Ammoniumperoxodisulfat
AT	Acyltransferase
BSA	Bovine serum albumin
bp	*base pair*
CoA	Coenzym A
ddH_2O	didestilliertes Wasser
DBU	1,8-Diazabicyclo[5.4.0]undec-7-en
DC	Dünnschichtchromatographie
DIC	*N*,*N*'-Diisopropylcarbodiimid
DH	Dehydratase
DHP	Dihydropyran
DIPEA	Diisopropylethylamin
DMSO	Dimethylsulfoxid
DNA	*deoxyribonucleic acid*
dNTP	Desoxyribonukleosidtriphosphat
DTT	Dithiothreitol
EDTA	Ethylendiamintetraacetat
ESI	Elektrospray-Ionisation
ER	Enoylreduktase
et al.	*et alii*
Et_2O	Diethylether
EtOAc	Ethylacetat
g	Gramm
h	Stunde
HEPES	2-(4-(2-Hydroxyethyl)-1-piperazinyl)-ethansulfonsäure
HRMS	*High-Resolution Mass Spectrometry*
Hz	Hertz

IPTG	Isopropyl-β-D-thiogalactopyranosid
J	Kopplungskonstante
kDa	Kilodalton
KOAc	Kaliumacetat
KR	β-Ketoreduktase
KS	β-Ketoacylsynthase
L	Liter
LB	Luria Bertani
M	Molmasse/mol
m	Masse
mg	Milligramm
mL	Milliliter
mM	Millimolar
MS	Massenspektrometrie
min	Minute
mol	Mol
MT	Methyltransferase
NMR	*Nuclear Magnetic Resonance*
nm	Nanometer
OD	optische Dichte
PCR	*Polymerase Chain Reaction*
PE	Petrolether
pH	*potentia Hydrogenii*
ppm	*parts per million*
rpm	*rounds per minute*
SDS	*Sodium Dodecyl Sulfate*
SDS-PAGE	*Sodium Dodecyl Sulfate Polyacrylamide Gel Electrophoresis*
s	Sekunde
SNAC	*N*-Acetylcysteamin
T	Temperatur
TBS	*tert*-Butyldimethylsilyl
TE	Thioesterase
TEMED	Tetramethylethylendiamin
tert	tertiär
THF	Tetrahydrofuran
THP	Tetrahydropyran

Tos	Tosylat
TosCl	Tosylchlorid
Tris	Tris(hydroxymethyl)aminomethan
u	Mikromol pro Sekunde
UV	Ultraviolett
v/v	Volumen pro Volumen
V	Volt
W	Watt
w/v	Gewicht pro Volumen

1 Einleitung

Biologisch aktive Sekundärmetabolite aus Pflanzen, Tieren und Mikroorganismen bilden ein sehr interessantes und vielfältiges Forschungsgebiet für neue Wirkstoffe. Besonders die Polyketide mit ihrer strukturellen Vielfältigkeit bieten einen interessanten Ansatz zur Entwicklung neuer Medikamente. Bis heute sind zahlreiche Polyketide bekannt die als Antibiotika, Antimykotika, Immunsuppressiva oder in der Krebstherapie zum Einsatz kommen.[1] Bei der Identifizierung neuer Polyketidleitstrukturen und deren Derivate ist ein enges Zusammenspiel von Biologen und Chemikern notwendig. Eine besondere Herausforderung stellt das Verständnis der Biosynthesewege von Polyketiden mit außergewöhnlichen Strukturelementen dar. Um ein tieferes Verständnis der verschiedenen Biosynthesewege zu bekommen, sind die Sequenzierung des Genclusters und das genaue Verständnis der Aktivitäten der einzelnen Enzymdomänen unerlässlich. Durch vollständige Aufklärung von Biosynthesewegen ergibt sich die Möglichkeit gezielt in diese eingreifen zu können. Hierdurch könnten gezielt verschiedene Derivate des ursprünglichen Polyketids synthetisiert werden. Zur vollständigen Aufklärung von unterschiedlichen Biosynthesewegen müssen somit verschiedene Disziplinen aus Chemie und Biologie kombiniert werden. Diese Arbeit befasst sich mit der Aufklärung von Abschnitten des Biosynthesewegs der Ambruticine.

1.1 Myxobakterien

Myxobakterien gehören zur δ-Gruppe der Proteobakterien und sind in den letzten 20 Jahren durch die Produktion von potentiell medizinisch interessanten Sekundärmetaboliten immer mehr in den Fokus der Wirkstoffforschung gerückt.[2] Es handelt sich hierbei um gram-negative, stäbchenförmige und strikt aerobe Bodenbakterien mit stark ausgebreitetem Lebensraum. Myxobakterien kommen in Erdböden verschiedenster Klima- und Vegetationszonen vor, die reich an organischen Materialien wie z. B. verrotteten Pflanzenmaterial oder Tierkot sind. Des Weiteren sind sie auf der Rinde von lebenden oder toten Bäumen zu finden. Die Fortbewegung und Verbreitung von Myxobakterien erfolgt aktiv durch Gleiten oder Kriechen. Eine einzigartige Eigenschaft die bei keiner anderen Bakteriengattung zu finden ist, ist das multizelluläre Sozialverhalten der Myxobakterien. Die Ausbildung von Schwärmen (Abbildung 1, rechts) zur Nahrungssuche auf Oberflächen gewährleistet eine ausreichend hohe Konzentration an extrazellulären Verdauungsenzymen zur Zersetzung von organi-

---

[1] J. Staunton, K. J. Weismann, *Nat. Prod. Rep.* **2001**, *18*, 380-416.

[2] W. Dawid, *Microbiol. Rev.* **2000**, *24*, 403-427.

schen Materialien wie Proteinen oder Polysacchariden. Bei nicht ausreichender Versorgung der Bakterien mit Nährstoffen kommt es zur Ausbildung von multizellulären Fruchtkörpern (Abbildung 1, links). Diese treten in komplexen, baumartigen Gestalten mit Durchmessern zwischen 20-1000 µm in unterschiedlichen Farben wie z. B. orange, hellgelb oder rot auf. Häufig sind sie schon mit dem bloßen Auge erkennbar. Bei der Ausbildung der Fruchtkörper findet gleichzeitig, bedingt durch die Nahrungsknappheit, eine zelluläre Morphogenese statt. Diese führt durch Verkürzung und Verfettung der vegetativen Zellen zur Bildung von Myxosporen. Bei der Ausbildung von Myxosporen handelt es sich um eine Überlebensstrategie der Myxobakterien. Die Myxosporen haben einen ruhenden Metabolismus und sind vor Hitze und Austrocknung geschützt. Ist wieder eine ausreichende Nährstoffzufuhr gewährleistet kommt es zur Transformation der Myxosporen zu einem neuen Schwarm von Myxobakterien.[3] Mit 9.5-10 Megabasen-paaren besitzen die Myxobakterien die bis heute größten bekannten bakteriellen Genome mit einem sehr hohen GC-Gehalt von 64-79 mol%.[2]

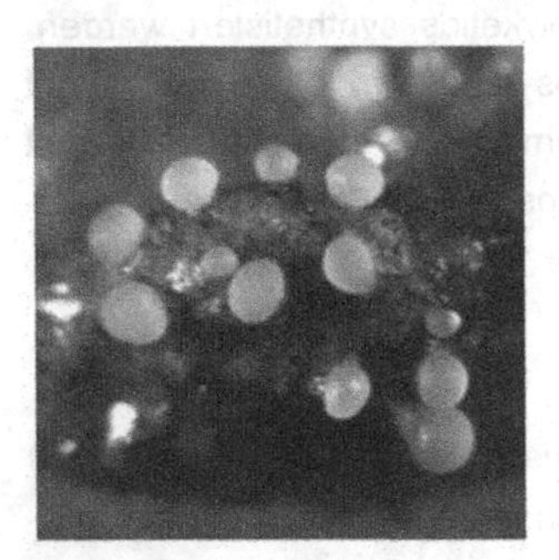

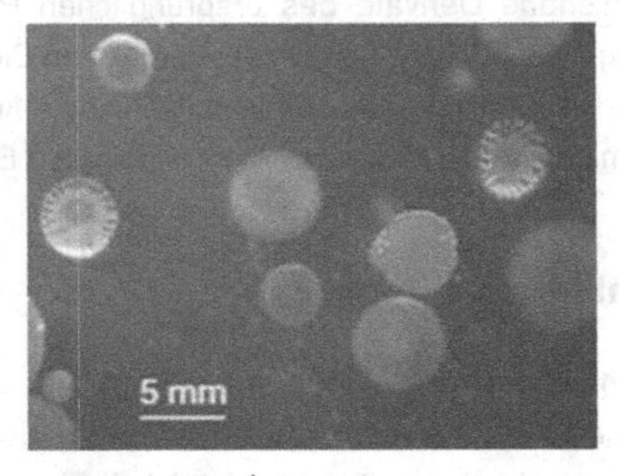

Abbildung 1: Links: Fruchtkörper von Myxobakterien[4]; Rechts: Schwärmende Myxkobakterienkolonien.[5]

Eine besondere Eigenschaft der Myxobakterien ist die hohe Produktivität an Sekundärmetaboliten. In den letzten 20 Jahren konnten aus diesen 80 verschiedene Sekundärmetabolite und 450 Derivate isoliert werden.[2] Den Hauptbestandteil der myxobakteriellen Metabolite bilden Polyketide, nicht-ribosomale Peptide und Hybride aus diesen beiden. Mit ca. 46 % wird der größte Anteil an myxobakteriellen Sekundärmetaboliten durch den Genus *Sorangium cellulosum* produziert.[5] Ein Beispiel ist die Gruppe der Chivosazole, welche eine antibiotische Akitvität besitzen

[3] H. Reichenbach, *J. Industr. Microbiol. Biotech.* **2001**, *27*, 149-156.
[4] R. J. Prill, P. A. Iglesias, A. Levchenko, *PLoS Biology* **2005**, *3*, 1840.
[5] R. Müller *et al.*, *Nat. Biotech.* **2007**, *25*, 1281-1289.

(Abbildung 2, **1**).[6] Eine weitere Gruppe von starkem Interesse sind die Epothilone (Abbildung 2, **2**). Hierbei handelt es sich um pharmakologisch hoch wirksame Zytostatika mit einer analogen Wirkung zum anti-Tumor Medikament Taxol.[7]

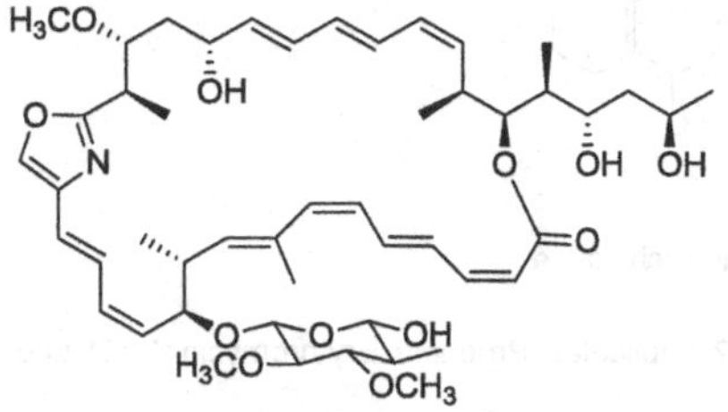

Chivosazol A, **1**

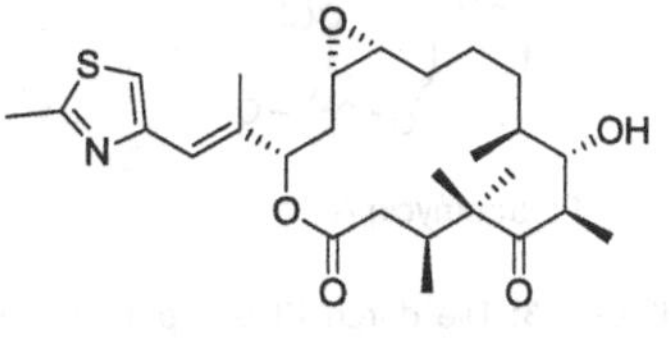

Epothilon A, **2**

Abbildung 2: Sekundärmetabolite von *Sorangium Cellulosum*: Chivosazol A (**1**) und Epothilon A (**2**).

Die Ambruticine sowie die Jerangolide, mit ihrer reinen Polyketidstrukturen, gehören ebenfalls zu den von Myxobakterien produzierten Sekundärmetaboliten.

1.2 Polyketidsynthasen

Polyketidprodukte bilden mit ihrer großen strukturellen Vielfalt und dem breiten Spektrum an Funktionalitäten eine der größten Naturstoffklassen von pharmakologischer Bedeutung. Grundsätzlich kann zwischen drei Typen von Polyketidsynthasen (PKS) unterschieden werden.[1] Polyketidsynthasen vom Typ 1 sind modulare Multienzym-Komplexe und führen häufig zur Bildung von Makrolactonen wie z. B. Erythromycin A (Abbildung 3, **3**).[8] Bei Polyketidsynthasen vom Typ 2 handelt es sich um iterativ arbeitende Module die durch decarboxylierende Kondensationen zu aromatischen Polyketiden, z. B. Anthrachinon (Abbildung 3, **4**), führen.[9] Den letzten Typus von Polyketidsynthasen bilden die Polyketidsynthasen vom Typ 3. Diese können im Gegensatz zu den anderen vorgestellten Polyketidsynthasen direkt Coenzym A (CoA) Ester als Substrate verwenden und benötigen kein *Acyl-Carrier-Protein* (ACP). Im Weiteren wird nur genauer auf die für diese Arbeit interessante Polyketidsynthase vom Typ 1 eingegangen.

---

[6] D. Janssen, D. Albert, R. Jansen, R. Müller, M. Kalesse, *Angew. Chem.* **2007**, *119*, 4985-4988.
[7] D. Schinzer, A. Limberg, A. Bauer, O. M. Böhm, M. Cordes, *Angew. Chem.* **1997**, *109*, 543-544.
[8] J. Staunton, *Chem. Rev.* **1997**, *97*, 2611-2629.
[9] C. Hertweck, A. Luzhetskyy, Y. Rebes, A. Bechthold, *Nat. Prod. Rep.* **2007**, *24*, 162-190.

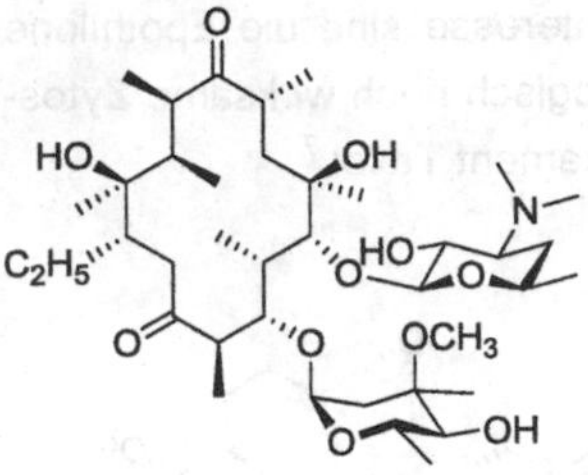

Erythromycin A, **3**

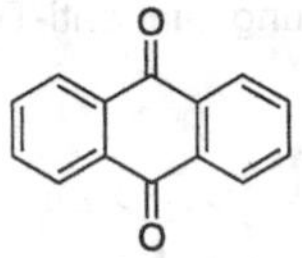

Anthrachinon, **4**

Abbildung 3: Die durch PKS-Typ 1 bzw. PKS-Typ 2 gebildeten Produkte Erythromycin A (**3**) und Anthrachinon (**4**).

Ausgehend von einfachen Malonyl-abgeleiteten Bausteinen können Polyketidsynthasen vom Typ 1 sehr komplexe und strukturell vielfältige Naturstoffe aufbauen. Nach der Expression der PKS findet zunächst eine post-translationale Phosphopantetheinylierung der *Acyl-Carrier*-Proteine statt (Schema 1). Hierbei kommt es durch einen nucleophilen Angriff der Serin-Seitenkette vom ACP am CoA (**5**) unter Spaltung des Pyrophosphats zur Übertragung des Phosphopantethein-Arms auf das ACP. Diese Transformation wird katalysiert durch Phosphopantetheinyl-Transferasen (PPTase).

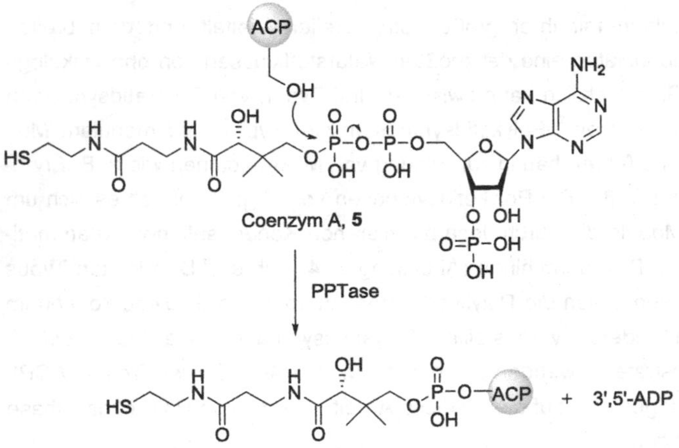

Coenzym A, **5**

PPTase

+ 3',5'-ADP

6

Schema 1: Post-translationale Phosphopantetheinylierung.

Als nächstes folgt die Beladung der Module. Im Initiationsmodul der PKS wählt die Acyltransferase (AT) eine Starteinheit aus und überträgt diese auf das ACP. Als Starteinheit fungiert klassischerweise Acetyl-CoA (**7**), es können jedoch auch andere Startbausteine verwendet werden. Exemplarisch zu erwähnen sind hier Propionyl-CoA (**8**) und Butanoyl-CoA (**9**) (Abbildung 4).

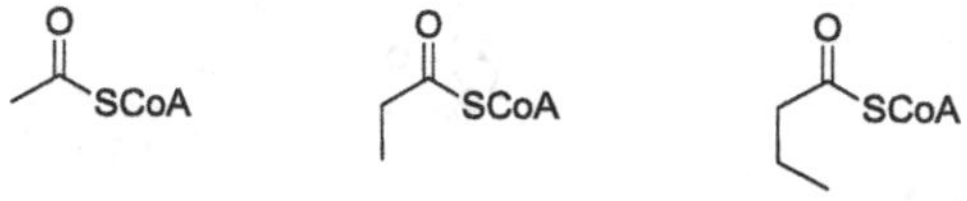

Acetyl-CoA, **7** Propionyl-CoA, **8** Butanoyl-CoA, **9**

Abbildung 4: Auswahl an Startbausteinen für die PKS-Typ 1.

Für die Elongation der Polyketidkette wird das ACP des nachfolgenden Moduls (*Downstream*) durch die zugehörige AT-Domäne, welche die passende Elongationseinheit aussucht, mit einer Malonyleinheit beladen. Die Auswahl an Verlängerungsbausteinen ist vielfältig. Als Beispiele seien hier Malonyl-CoA (**10**), Methylmalonyl-CoA (**11**), Hydroxymalonyl-CoA (**12**) und Aminomalonyl-CoA (**13**) genannt (Abbildung 5).

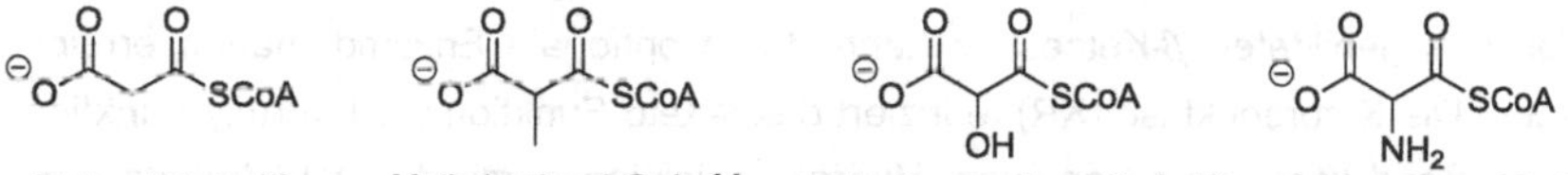

Malonyl-CoA, **10** Methylmalonyl-CoA, **11** Hydroxymalonyl-CoA, **12** Aminomalonyl-CoA, **13**

Abbildung 5: Auswahl an Elongationsbausteinen für die PKS-Typ 1.

Wie in Schema 2 gezeigt, trägt die ACP-Domäne des Vorläufermoduls (*Upstream*) die zuvor gebildete Polyketidkette. Diese wird durch Autoacylierung auf die Ketosynthase (KS) übertragen. Die Ketosynthase ist für die Ausbildung neuer C-C-Bindungen verantwortlich. Das durch Decarboxylierung gebildete Intermediat aus der zur Verlängerung gewählten Malonyl-Einheit initiiert eine CLAISEN-artige Reaktion. Diese führt zur Verlängerung der Polyketidkette um zwei C-Atome, welche sich nun an dem ACP des neuen Moduls (*Downstream*) befindet.

Schema 2: Ablauf der Elongation der Polyketidkette.

Bei der PKS-Typ 1 wird zwischen erforderlichen, optionalen und zusätzlichen PKS-Domänen unterschieden (Tabelle 1). An jeder Verlängerungseinheit sind immer die erforderlichen Enzymdomänen KS, AT und ACP beteiligt. Die anschließende Modifikation des gebildeten β-Ketoesters kann durch optionale Enzymdomänen erreicht werden. Die Ketoreduktase (KR) reduziert die β-Keto-Funktion zur Hydroxy-Funktion. Anschließend kann die so erzeugte Hydroxy-Funktion durch die Dehydratase (DH) zur Doppelbindung reduziert werden. Durch die Enoylreduktase (ER) kann abschließend die Doppelbindung in die gesättige Verbindung überführt werden. Auf die Dehydratasen wird in Kapitel 1.4 vertiefend eingegangen. Zusätzliche Enzymdomänen wie z. B. die Oxidase (Ox), Aminotransferase (AMT), Halogenase (Hal) und Cyclopropanase (Cyp) erweitern die Möglichkeiten der Modifizierung der Polyketidkette an der PKS.

Tabelle 1: Erforderliche, optionale und zusätzliche Enzymdomänen der PKS-Typ 1.

	PKS-Domänen
Erforderlich	KS AT ACP
Optional	DH KR ER
Zusätzlich	Ox AMT Hal Cyp

Die Abspaltung der fertigen Polyketidkette erfolgt im letzten Modul der PKS und wird katalysiert durch die Thioesterease (TE). Hierbei kann die Polyketidkette durch Hydrolyse mit Wasser unter Ausbildung der freien Säure abgespalten werden. Häufig kommt es jedoch zur Abspaltung der fertigen Polyketidkette von der PKS durch einen intramolekularen nucleophilen Angriff einer Hydroxy- oder Amino-Funktion unter Bildung eines Makrolactons oder Makrolactams. Meist handelt es sich bei dem so erhaltenen PKS-Produkt nur um ein Intermediat, da sich häufig noch enzymatische post-PKS Modifizierungen durch *Tailoring*-Enzyme anschließen. Die einzelnen nacheinander stattfindenden Abschnitte der PKS-Typ 1 Biosynthese sind noch einmal in Schema 3 zusammengefasst.[10]

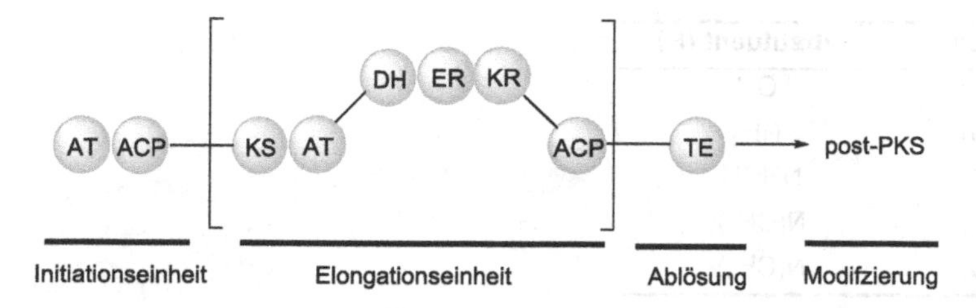

Schema 3: Zusammenfassung der notwendigen PKS-Einheiten bei der PKS-Typ 1

1.3 Ambruticine

Die Ambruticine und Jerangolide sind strukturell verwandte Typ 1 Polyketide mit antifungalen Aktivitäten. Sie werden von dem Myxobakterium *Sorangium cellulosum* produziert.[11] RINGEL *et al.* von der Firma *Warner-Lambert* veröffentlichten 1977 die ersten Studien zur Isolation und Struktur von Ambruticin S.[12] Von HÖFLE *et al.*, Wissenschaftlern der Gesellschaft für Biotechnologische Forschung, folgte 1991 die Veröffentlichung zu den Strukturen der V-Serie (Abbildung 6).[13]

[10] E. S. Sattely, M. A. Fischbach, C. T. Walsh, *Nat. Prod. Rep.* **2008**, *25*, 757-793.
[11] B. Julien, Z.-Q. Tian, R. Reid, C. D. Reeves, *Chem. Biol.* **2006**, *13*, 1277-1286.
[12] S. M. Ringel, R. C. Greenough, S. Roemer, D. Connor, A. L. Gutt, B. Blair, G. Kanter, M. von Strandtmann, *J. Antibiot.* **1977**, *30*, 371-375.
[13] G. Höfle, H. Steinmetz, K. Gerth, H. Reichenbach, *Liebigs Ann. Chem.* **1991**, *91*, 941-945.

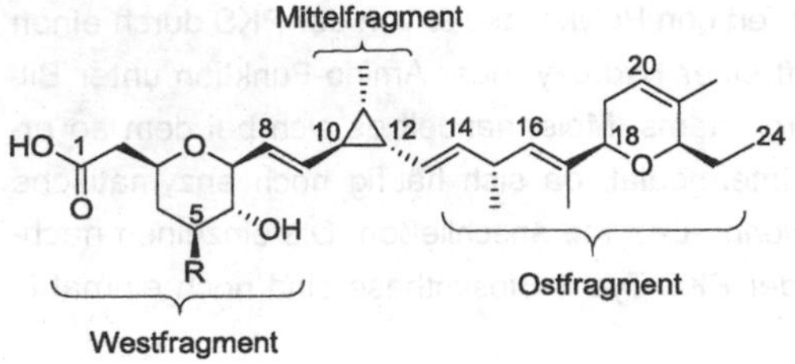

Ambruticin	Substituent (R)
S (**14**)	OH
VS5 (**15**)	NH_2
VS4 (**16**)	$NHCH_3$
VS3 (**17**)	$N(CH_3)_2$
VS1 (**18**)	$N(CH_3)_3$

Abbildung 6: Allgemeine Strukturformel der Ambruticine.

Von Jerangolid sind zum jetzigen Zeitpunkt nur zwei Derivate bekannt. Jerangolid A trägt eine freie Hydroxymethyl-Gruppe und Jerangolid B eine Methyl-Gruppe in der α-Position des Lactons (Abbildung 7).

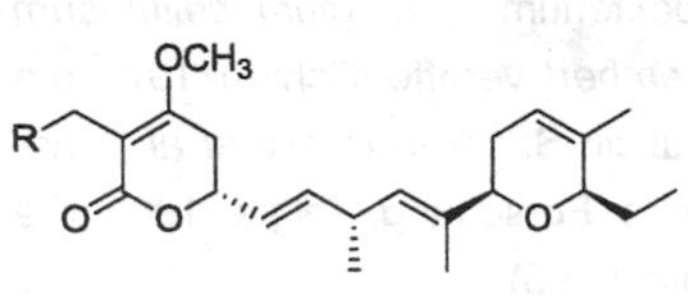

Jerangolid	Substituent (R)
A (**19**)	CH_2OH
B (**20**)	CH_3

Abbildung 7: Allgemeine Strukturformel der Jerangolide.

Durch ihre hohe antifungale Aktivität bieten im Besonderen die Ambruticine einen interessanten Ansatz zur Entwicklung neuer Antimykotika. Sie weisen eine minimale Inhibitionskonzentration (*in vitro*) von 0.01-0.5 µg/mL in Abhängigkeit der zu behandelnden Pilzinfektion auf. Ambruticine zeigen eine antifungale Aktivität gegen ein breites Spektrum von Pilzinfektionen. *Coccidioides immitis* (Betroffen: Lunge und Luftröhre), *Histoplasma capsulatum* (Lunge), *Blastomyces dermatitidis* (Haut und

Lunge), *Aspergillus fumigatus* (Lunge), *Trichophyton* (Haut und Haare) und *Hansenula anomala* (Blut und innere Organe) stellen nur ausgewählte Beispiele dar.[14]

Die Entwicklung von neuen Antimykotika ist heutzutage durch die starke Zunahme von Pilzinfektionen notwendig. Durch die Behandlungsmethoden und Möglichkeiten der modernen Medizin, wie z. B. Chemotherapien und Organtransplantationen, kommt es zur Erhöhung der Anzahl an Immungeschwächten Menschen. Daraus resultiert eine steigende Anzahl an schwerwiegenden systematischen Pilzinfektionen.[15] Gleichzeitig werden immer mehr Resistenzen gegen die heutzutage verwendeten Antimykotika ausgebildet. Die verfügbaren Antimykotika verfolgen unterschiedliche Therapieansätze. Die Ergosterole, z. B. Amphotericin, Nystatin oder Natamycin, binden an das Ergosterol der Zellmembran des Pilzes und stören die Funktion der Zellmembran so massiv, dass es die Pilze abtötet. Azole und Echinocandine inhibieren die Biosynthese der Pilze. Flucytosin hemmt die Nukleinsäuresynthese.[16]

Aufgrund der eukaryotischen Natur von Pilzen ist deren Bekämpfung eine besondere Herausforderung. Im Gegensatz zu prokaryotischen Bakterien ist die Zahl der potentiellen, vom menschlichen Proteom verschiedenen Targets stark eingeschränkt.

Einen komplett anderen Angriffspunkt bei der Behandlung von Pilzinfektionen bieten die Ambruticine. Der Wirkmechanismus von Ambruticin ist analog zu dem der Pyrrolnitrine und beruht auf der Hyperaktivierung des Hoch-Osmotischen-Glycerol-Kinase (HOG) Signalwegs. Dieser induziert bei osmotischem Stress eine intrazelluläre Akkumulation von Glycerin, wobei als Begleiterscheinung die Ansammlung an freien Fettsäuren auftritt. Bei geringer externer Osmolarität wird die Permeabilität der Zellmembran erhöht. Dies führt zum Austreten des Zellinhalts was den Tod der Zelle zur Folge hat. Es wird postuliert, dass die Glycerolakkumulation durch eine oder mehrere Histidin-Kinasen induziert wird, wobei der genaue Mechanismus zum jetzigen Zeitpunkt noch nicht vollständig aufgeklärt ist.[17]

Sowohl die Jerangolide als auch die Ambruticine weisen sehr interessante, für Polyketide untypische, Strukturelemente auf. Der dreifach substituierte Dihydropyran (DHP)-Ring im östlichen Teil des Moleküls bildet die strukturelle Gemeinsamkeit. Der

[14] S. Shadomy, D. M. Dixon, A. Espinel-Ingroff, G. E. Wagner, H. P. Yu, H. J. Shadomy, *Antimicrobial Agents & Chemotherapy* **1978**, *14*, 99-104.

[15] Z.-Q. Tian, Z. Wang, Y. Xu, C. Q. Tran, D. C. Myles, Z. Zhong, J. Simmins, L. Vechter, L. Katz, Y. Li, S. J. Shaw, *ChemMedChem* **2008**, *3*, 963-969.

[16] J. Morschhäuser, *Pharm. Unserer Zeit* **2003**, *32*, 124-128.

[17] L. Vechter, H. G. Menzella, T. Kudo, T. Motoyama, L. Katz, *Anitmicrobial Agents & Chemotherapy* **2007**, *51*, 3734-3736.

Pyranring ist an C-18 mit einer verzweigten Alkyl-Kette mit nicht konjugierten Doppelbindung verbunden (Abbildung 6).

Bei den Ambruticinen sind zwei weitere strukturell interessante Motive zu finden. Der mittlere Teil des Moleküls wird durch einen Methylcyclopropan-Ring aufgebaut. Dieser wird an der PKS durch eine FAVORSKII-Polyen-artige Reaktion gebildet. Der genaue Mechanismus ist Kapitel 1.3.1 zu entnehmen. Das Westfragment der Ambruticine besteht aus einem post-PKS durch *Tailoring*-Enzyme aufgebauten vierfach substituierten THP-Ring.[11]

1.3.1 Postulierter Biosyntheseweg der Ambruticine

Die Biosynthese der Ambruticine erfolgt über eine modular aufgebaute Polyketidsynthase vom Typ 1. Es handelt sich hierbei um eine Polyketidsynthase die nur teilweise den Standardregeln folgt. JULIEN *et al.* veröffentlichten 2006 auf Basis von Genclusteranalysen und charakterisierten Intermediaten aus Blockmutanten einen hypothetischen Biosyntheseweg. Ein Ausschnitt aus dem Biosyntheseweg ist in Abbildung 8 gezeigt.[11] Die Zuordnung einzelner Domänen, Module und alleinstehender Enzyme zu den Bildungen der Pyranringe und des Cyclopropylrings war hingegen nicht exakt möglich. Weiterhin konnten keine genauen Angaben zu den Mechanismen gemacht werden.

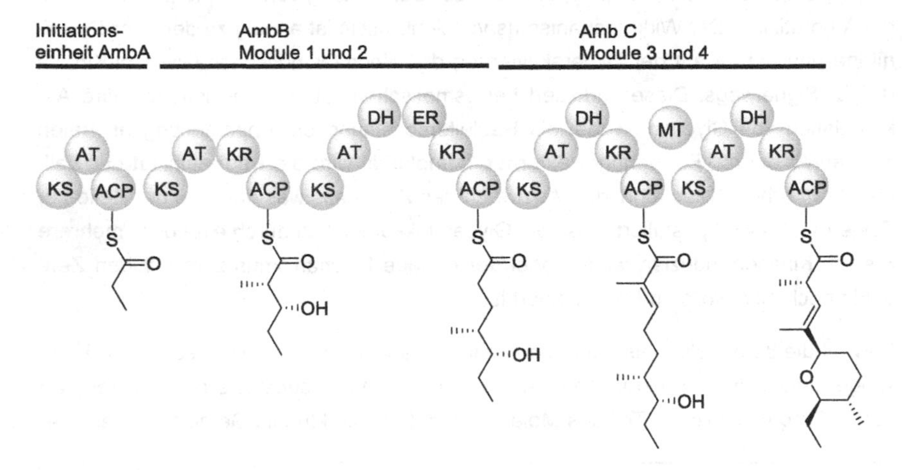

Abbildung 8: Ausschnitt aus dem postulierten Biosyntheseweg von Ambruticin.

Der postulierte Biosyntheseweg (Abbildung 8) besteht aus einem Initiationsmodul, 8 Elongationsmodulen und einem Modul, welches die Thioesterase zur Abspaltung der vollständigen Polyketidkette beinhaltet. Als Startbaustein wird Propionyl-CoA verwendet. Die ersten drei Module des Ambruticin-Biosynthesewegs folgen den Standardregeln für Polyketidsynthasen vom Typ 1. So wird das postulierte Produkt von Modul 3 ausgehend von dem Startbaustein durch Elongation mit Methylmalonyl-CoA (2x) und Malonly-CoA und entsprechende Modifikationen der gebildeten β-Ketoester durch Ketoreduktasen (KR), Dehydratasen (DH) und Enoylreduktasen (ER) erhalten. JULIEN *et al.* postulieren, dass die Einführung der Methyl-Gruppe in Modul 4 in α-Position zum Thioester nicht, wie zunächst erwartet, durch eine Elongation mit Methylmalonyl-CoA, sondern durch eine externe *C*-Methyltransferase (AmbM) erfolgt. Des Weiteren postulieren JULIEN *et al.*, dass eine Oxa-MICHAEL-Addition zur Bildung des THP-Rings in Modul 4 führt. Hierbei kommt es zu einem nucleophilen Angriff der Hydroxy-Funktion an der konjugierten Doppelbindung (Schema 4, Reaktionspfad e).[11]

Da es sich bei der Beschreibung von JULIEN *et al.* zur THP-Ringbildung nur um eine Hypothese handelt, sind durchaus auch andere Mechanismen denkbar. Wenn davon ausgegangen wird, dass die THP-Ringbildung bereits in Modul 3 erfolgen kann, ergeben sich insgesamt fünf DH-katalysierte mögliche Szenarien wie es zur Ausbildung des THP-Rings kommen kann. Diese sind in Schema 4 gezeigt.

A

AT DH KS KR a; AT KS KR b; ACP–S 21; 22; 23; Zyklisierung; 24 Potentielles Produkt von Modul 3

B

KS AT c; 25; AT KS KR d; 26; AT DH KS KR e; 27; 22 Potentielles Produkt von Modul 3; Zyklisierung und Methylierung MT; AT DH KS KR MT; 28 Produkt von Modul 4

Schema 4: A) Mögliche Mechanismen der THP-Ringbildung in Modul 3 des Ambruticin-Biosyntheseweges; B) Mögliche Mechanismen der THP-Ringbildung in Modul 4 des Ambruticin-Biosyntheseweges.

Die THP-Ringbildung könnte bereits in Modul 3 der PKS von Ambruticin ausgehend vom Substrat **21** stattfinden. Das α,β-ungesättigte Produkt **22** der DH-katalysierten

Reaktion könnte, wie in Schema 4 (Reaktionspfad a) gezeigt, durch eine spontane oder ebenfalls DH-katalysierte Oxa-MICHAEL-Adddition in **24** umgesetzt werden. Alternativ könnte eine direkte Substitution unter Eliminierung von Wasser zur Zyklisierung führen (Schema 4, Reaktionspfad b). Nach Bildung des potentiellen Produkts von Modul 3 (**24**) würde anschließend eine Elongation mit Malonyl-CoA durch Modul 4 unter gleichzeitiger Aktivität der *C*-Methyltransferase zu **28** führen.

Würde der THP-Ring hingegen erst, wie von JULIEN *et al.* postuliert, in Modul 4 gebildet, ergäben sich ausgehend vom α,β-ungesättigten Produkt **22** nach Elongation mit Malonyl-CoA drei mögliche Mechanismen. Dem Reaktionspfad c folgend, würde der THP-Ring durch eine Oxa-MICHAEL-Addition aufgebaut werden. In Reaktionspfad d würde eine Eliminierung von Wasser unter gleichzeitiger Doppelbindungsverschiebung zum THP-Ring führen. Der letzte denkbare Mechanismus (Schema 4, Reaktionspfad e) beinhaltet eine 1,6-Addition der Hydroxy-Funktion am konjugierten Doppelbindungssystem mit anschließendem Abfangen des Enolats durch ein aus *S*-Adenosylmethionin (SAM) stammenden „Me^+"-Äquivalent. Hier wäre die *C*-Methyltransferase aktiv. Da der genaue Ablauf der THP-Ringbildung und die Einführung der Methylgruppe während der Elongation und Prozessierung der Polyketidkette nicht aus den genetischen Informationen ersichtlich sind, sind weitere *in vitro* Untersuchungen notwendig.

Im postulierten Biosyntheseweg erfolgte nach der THP-Ringbildung in den Modulen 5, 6 und 7 je eine Elongation der Polyketidkette durch Malonyl-CoA (3x) mit anschließender Modifikation durch KR- und DH-Aktivitäten. In Modul 8 findet die die Bildung des Methylcyclopropan-Rings durch eine FAVORSKII-Polyen-artige Reaktion statt. Die FAVORSKII-Umlagerung führt unter Eliminierung des C-3 Atoms zur Verkürzung der Polyketidkette (Schema 5).

Das abschließende Modul 9 des postulierten Biosynthesewegs besteht aus einer Elongation mit Malonyl-CoA, Reduktion des β-Ketoesters zur Hydroxyfunktion und anschließender Abspaltung der Polyketidkette durch die Thioesterase. Die Prozessierung zu den verschiedenen Ambruticinen erfolgt post-PKS durch *Tailoring*-Enzyme.

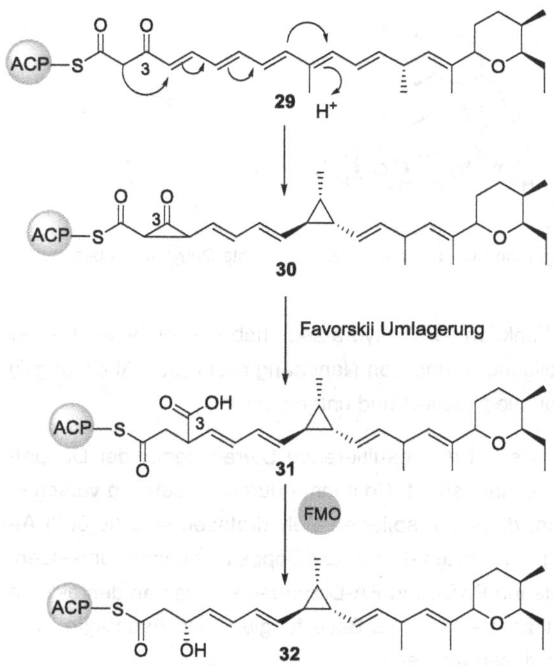

Schema 5: Postulierter Mechanismus der FAVORSKII-Polyen-artigen Reaktion.[11]

1.4 Dehydratasen in Polyketid-Biosynthesewegen

Eine große Anzahl der heute bekannten nicht aromatischen Polyketide weisen zweifach oder dreifach substituierte Doppelbindungen auf. Die Synthese der häufig (*E*)-konfigurierten Doppelbindungen erfolgt durch Dehydratasen der PKS. Bei den Polyketidsynthasen sind häufig nur die Konfigurationen in den Endprodukten bekannt. Die Festlegung der spezifischen Struktur der DH-Produkte und somit deren genaue Selektivität ist schwierig und kann nur durch *in vitro* Experimente mit isolierten Domänen bestimmt werden.[18] CAFFREY konnte durch Isolierung verschiedener Ketoreduktasen aus unterschiedlichen PKS-Clustern eine Korrelation zwischen spezifischen Aminosäuresequenzen der Ketoreduktasen und der Stereochemie des gebildeten Alkohols in β-Position zum Thioester nachweisen.[19] Die genaue Erklärung ist dem Kapitel 3.1.4 zu entnehmen.

[18] X. Guo, T. Liu, C. R. Valenzano, Z. Deng, D. E. Cane, *J. Am. Chem. Soc.* **2010**, *132*, 14694-14696.
[19] P. Caffrey, *ChemBioChem* **2003**, *4*, 649-662.

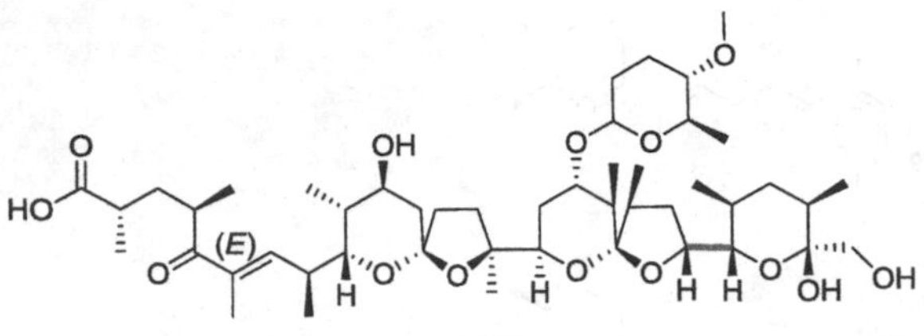

Abbildung 9: Struktur von Nanchangmycin (**33**). Die durch die untersuchte Dehydratase bearbeitete Bindung ist rot gekennzeichnet.

Zum Verständnis der genauen Funktion der Dehydratasen haben CANE *et al.* aus der PKS von Erythromycin (**3**) (Abbildung 3) und von Nanchangmycin (**33**) (Abbildung 9) einzelne Dehydratasen überexprimiert, isoliert und untersucht.[18]

Die Funktionalität und der Einfluss auf die resultierende Stereochemie der Doppelbindung wurden in *in vitro* Studien untersucht. So konnte durch Umsetzung verschiedener Substrate gezeigt werden, dass die isolierten Dehydratasen selektiv 3(*R*) Alkohole durch *syn*-Eliminierung von Wasser zu (*E*)-Doppelbindungen umsetzen. Durch Alignments mit verschiedenen PKS- und FA-Domänen konnten an den aktiven Zentren der Dehydratasen Histidin, welches als Base fungiert, und Asparagin, welches als Säure fungiert, nachgewiesen werden.[20]

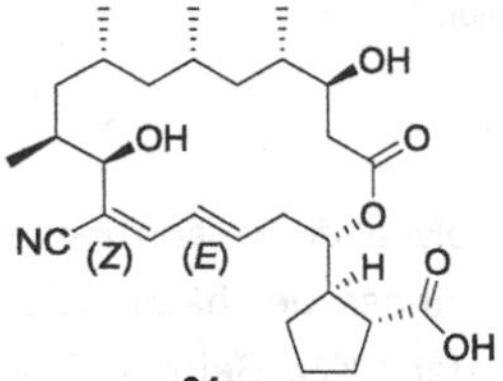

Abbildung 10 Struktur von Borrelidin (**34**).

In der Natur sind jedoch nicht nur Polyketide mit (*E*)-Doppelbindungen zu finden. Beispiele für Polyketide mit (*Z*)-Doppelbindung sind Rifamycin, Thuggacin und Borrelidin **34** (Abbildung 10). Borrelidin trägt in Konjugation zur (*Z*)-Doppelbindung eine (*E*)-Doppelbindung. Es ist postuliert, dass in der PKS von Borrelidin die (*Z*)-Doppelbindung durch die Dehydratase in Modul 2 (BorDH2) und die (*E*)-Doppelbindung durch BorDH3 gebildet wird. Bei den Studien von VERGNOLLE *et al.* mit isoliertem BorDH2 und BorDH3 und strukturell stark vereinfachten Modellsubstraten konnte gezeigt werden, dass beide Dehydratasen ausschließlich den 3(*R*) Alkohol akzeptieren und durch *syn*-Eliminierung von Wasser zur (*E*)-Doppelbindung umsetzen. Die bis zum jetzigen Zeitpunkt isolierten und untersuchten Dehydratasen führen somit ausschließlich zu (*E*)-Doppelbindungen. Eine mögliche Erklärung für die Bildung der (*Z*)-Doppelbindung in Borrelidin ist, dass durch die PKS zunächst das all-*trans*-Produkt gebildet wird und dieses durch eine

[20] C. R. Valenzano, Y.-O. You, A. Garg, A. Keatinge-Clay, C. Khosla, D. E. Cane, *J. Am. Chem. Soc.* **2010**, *132*, 14697-14699.

post-PKS stattfindende *cis-trans*-Isomerisierung in das Endprodukt überführt wird. Alternativ könnten externe Enzyme aus dem Borrelidin Gencluster auf die DH-Reaktion einwirken und diese Richtung (*E*)-Doppelbindungsbildung verschieben. Letztlich könnte auch die nur minimal realistische Natur der Substrate das Ergebnis beeinflusst haben. Zur genauen Aufklärung der (*E*)-Doppelbindungsbildung sind weitere *in vitro* Untersuchungen notwendig.[21]

1.5 Methyltransferasen in Polyketid-Biosynthesewegen

Die Einführung von Methylgruppen am Kohlenstoffatom während der Polyketidbiosynthase kann entweder durch die direkte Verwendung von Malonyl-CoA Elongationseinheiten oder durch aktive, *S*-Adenosylmethionin (SAM) abhängige *C*-Methyltransferasen erfolgen. In den letzten Jahren konnten *C*-Methyltransferasen in den verschiedensten Biosynthesewegen gefunden werden wie z. B. beim Squalestatin Tetraketid (**35**) oder bei Lovastatin (**36**) (Abbildung 11).[22]

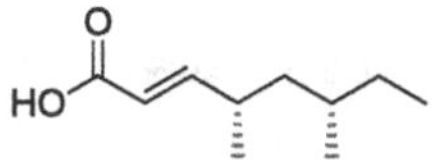

Squalestatin Tetraketid, **35**

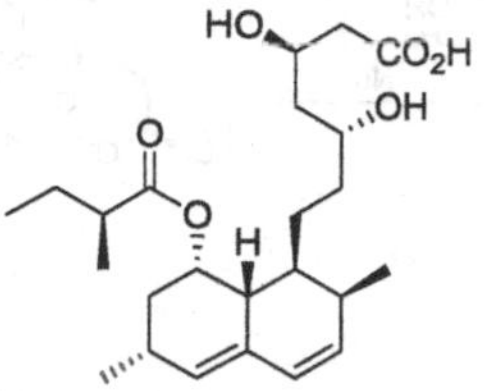

Lovastatin, **36**

Abbildung 11: Strukturen von Squalestatin Tetraketid (**35**) und Lovastatin (**36**). Die durch die *C*-Methyltransferase eingeführten Methylgruppen sind rot markiert.

Bis heute konnten etwa 100 verschiedene *S*-Adenosylmethionin-(SAM)-abhängige Methyltransferasen, welche Stickstoff, Sauerstoff, Schwefel oder Kohlenstoff als Methylakzeptoren tragen, charakterisiert werden. Bei der Übertragung der Methyl-Gruppe auf den elektronenreichen Methylakzeptor kommt es zur Umwandlung von *S*-Adenosylmethionin (**37**) in *S*-Adenosylhomocystein (**38**) (Schema 6).[22,23,24]

[21] O. Vergnolle, F. Hahn, A. Baerg-Ortiz, P. F. Leadlay, J. N. Andexer, *ChemBioChem* **2011,** *12,* 1011-1014.
[22] E. J. Skellam, D. Hurley, J. Davison, C. M. Lazarus, T. J. Simpson, R. J. Cox, *Mol. BioSyst.* **2010**, *6*, 680-682.
[23] R. M. Kagan, S. Clarke, Arch. *Biochem. Biophys.* **1994**, *310*, 417-427.
[24] D. K. Liscombe, A. R. Usera, S. E. O'Connor, *PNAS* **2010**, 107, 18793-18798.

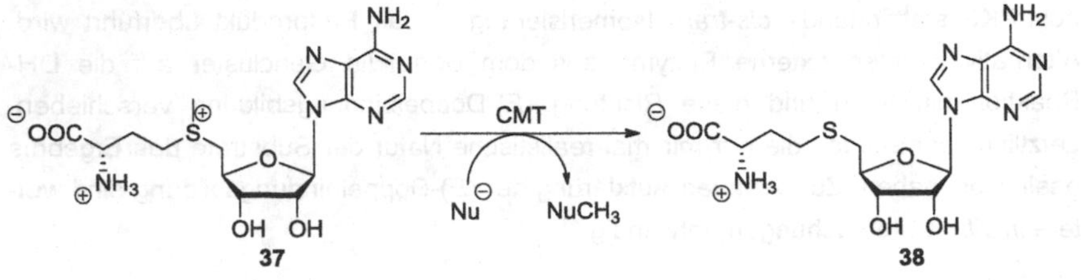

Schema 6: Umwandlung von *S*-Adenosylmethionin **37** in *S*-Adenosylhomocystein **38** bei Übertragung einer Methyl-Gruppe auf den Methylakzeptor (Nu).

In einigen Biosynthesewegen konnte gezeigt werden, dass die durch DNA-Sequenzhomologien als *C*-Methyltransferasen annotierten Enzyme nicht nur an der Übertragung von Methylgruppen beteiligt sind. Bei der postulierten Biosynthese von Spinosyn konnte beispielsweise gezeigt werden, dass zwei *C*-Methyltransferasen eine DIELS-ALDER- und eine RAUHUT-CURRIER Reaktion katalysieren (Schema 7).

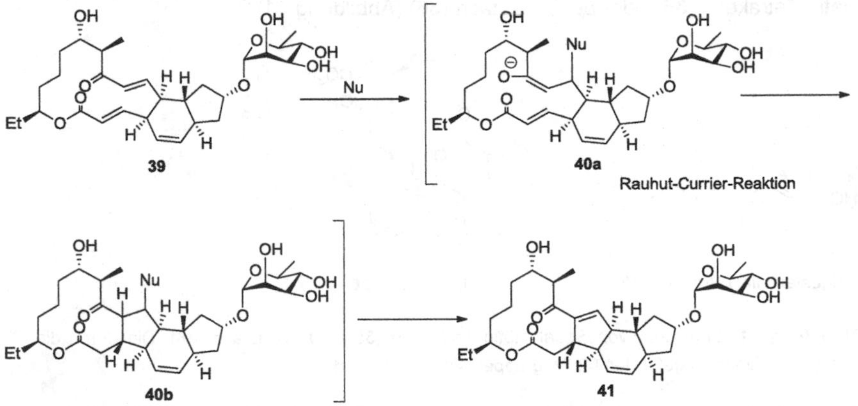

Schema 7: Ausschnitt aus dem Biosyntheseweg von Spinosyn A. Die C-Methyltransferase katalysiert zunächst die MICHAEL-Addition eines Nucleophils und anschließend die Zyklisierung.

Hierbei katalysiert die *C*-Methyltransferase die MICHAEL-Addition eines Nucleophils und die anschließende Zyklisierung.[25] Die *C*-Methyltransferasen weisen somit eine größere katalytische Vielfalt auf als zunächst angenommen wurde.

[25] H. J. Kim, M. W. Ruszczycky, S.-h. Choi, Y.-n. Liu, H.-w. Liu, *Nature* **2011**, *473*, 109-112.

1.6 Pyransynthasen in Polyketid-Biosynthesewegen

In der Natur ist eine Vielzahl von Polyketiden mit einem THP-Ring im Grundgerüst bekannt. Es wird postuliert, dass deren biosynthetische Bildung entweder durch Epoxidöffnung mit einem in 5-Position befindlichen Alkohol oder durch Oxa-MICHAEL-Addition geschieht. Die Oxa-MICHAEL-Addition beinhaltet, wie in Schema 8 am Beispiel der Pederinbiosynthese dargestellt, einen nucleophilen Angriff der freien Hydroxy-Funktion an der β-Position des ungesättigten Thioesters. Dieser Mechanismus entspricht der Rückreaktion von Dehydratasen, bei der statt Wasser die sekundäre OH-Gruppe als Nukleophil fungiert. Bei der Oxa-MICHAEL-Addition hat sich für die katalysierende Domäne der Name Pyransynthase etabliert. Aufgrund von Genclusteranalysen wurden solche Domänen in den Biosynthesewegen von unterschiedlichen Polyketiden wie z. B. Bryostatin (**42**), Sorangicin A (**43**), Indanomycin (**44**) und Pederin (**45**) vorhergesagt (Abbildung 12).

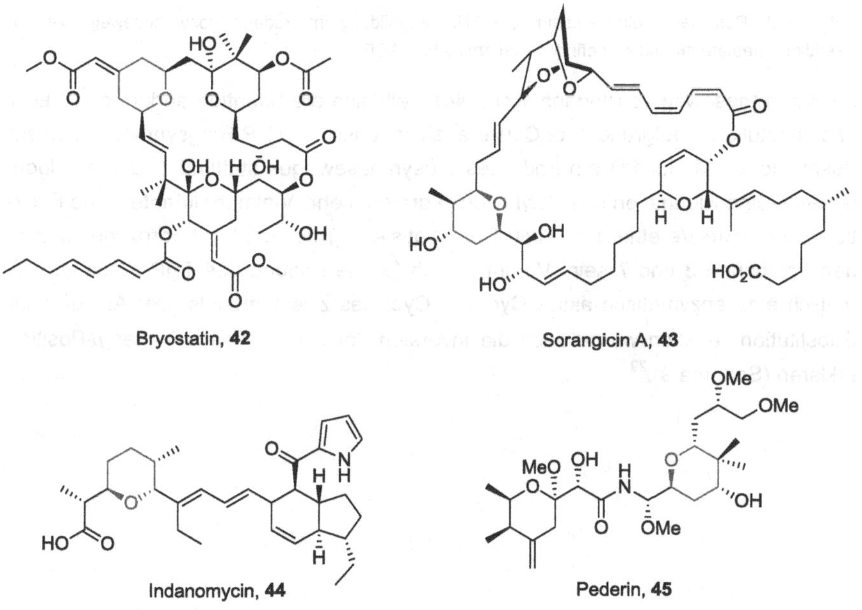

Bryostatin, **42**

Sorangicin A, **43**

Indanomycin, **44**

Pederin, **45**

Abbildung 12: Strukturen von Bryostatin (**42**), Sorangicin A (**43**), Indanomycin (**44**) und Pederin (**45**). Die durch Pyransynthasen aufgebauten THP-Ringe sind rot gekennzeichnet.

In den Biosynthesewegen von Bryostatin (**42**), Sorangicin A (**43**) und Pederin (**45**) wird postuliert, dass die THP-Ringbildung durch eine zusätzliche im Biosynthesecluster codierte Dehydratase katalysiert wird. Bei Bryostatin und Pederin befinden sich zwei DH-ähnliche Domänen aufeinander folgend im selben PKS Modul. In der PKS von Sorangicin befinden sich beispielsweise mehrere DH-ähnliche Domänen in den Modulen 7 und 8. Es wird vermutet, dass die erste DH-Domäne konventionell zur Bildung des (*E*)-α,β-ungesättigte Thioesters führt. Das Zusammenspiel der übrigen Dehydratasen mit anderen PKS-Domänen bewirkt dann die Doppelbindungsisomerisierung und den Ringschluss.[26,27,28]

Schema 8: Postulierter Mechanismus der THP-Ringbildung im Pederin-Biosyntheseweg. Die Polyketidintermediate **46** und **47** befinden sich am selben ACP.

Im Biosyntheseweg von Indanomycin (**44**) stellt sich die Situation anders dar. KELLY *et al.* postulieren aufgrund ihrer Clusteranalyse, dass die THP-Ringsynthese in einem Zusatzmodul (Modul 11) am Ende des Biosyntheseweges stattfindet. Dieses Modul bewirkt keine Elongation des Polyketidrückgrates mehr. Vielmehr könnte seine Funktion die direkte Veretherung durch Dehydratisierung der beiden Hydroxygruppen in den Positionen 3 und 7 sein. Verantwortlich für die Bildung des THP-Rings ist vermutlich eine enzymatisch aktive Cyclase (Cyc) des Zusatzmoduls. Der Ablauf einer Substitutionsreaktion würde auch die Inversion der Stereochemie in der β-Position erklären (Schema 9).[29]

[26] J. Piel, *PNAS* **2002**, *99*, 14002-14007.
[27] S. Sudek, N. B. Lopanik, L. E. Waggoner, M. Hildebrand, C. Anderson, H. Liu, A. Patel, D. H. Sherman, M. G. Haygood, *J. Nat. Prod.* **2007**, *70*, 67-74.
[28] H. Irschik, M. Kopp, K. J. Weissman, K. Buntin, J. Piel, R. Müller, *ChemBioChem* **2010**, *11*, 1840-1849.
[29] C. Li, K. E. Roege, W. L. Kelly, *ChemBioChem* **2009**, *10*, 1064-1072.

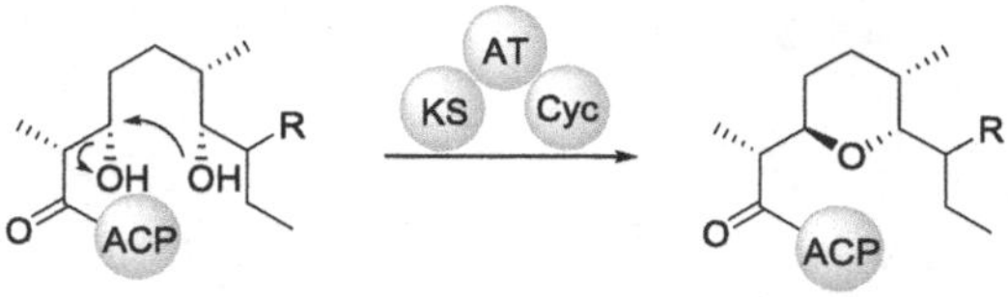

48 **49**

Schema 9: Postulierter Mechanismus der THP-Ringbildung im Indanomycin-Biosyntheseweg.

Es kann angenommen werden, dass die THP-Ringbildung bei den Ambruticinen über einen der beiden Mechanismen verläuft. Neben der für die Pyransynthese korrekt in Modul 3 platzierten Dehydratase findet sich im Gencluster der Ambruticine das hypothetische Protein Amb6, welches als Protein mit unbekannter Funktion annotiert ist. Denkbar wäre also neben einer direkten Veretherung durch die DH, wie im Fall des Indanomycin postuliert, dass AmbDH3 die normale DH-Aktivität zeigt und Amb6 eine Oxa-MICHAEL-Addition katalysiert.

Bei den vorgestellten Ansätzen zur Bildung des THP-Rings und den damit verbundenen aktiven Enzymdomänen und ablaufenden Mechanismen handelt es sich zum jetzigen Zeitpunkt nur um Hypothesen, die aufgrund der Kenntnis der Naturstoffstruktur und der Naturstoff-Gencluster aufgestellt wurden. Zum vollständigen Verständnis bedarf es weiterer *in vitro* Untersuchungen mit rekombinanten Enzymen und realistischen Vorläufermolekülen.

2 Zielsetzung

Gegenstand dieser Arbeit ist die biosynthetische Aufklärung der THP-Ringbildung im östlichen Teil der Ambruticine (Abbildung 13). Der THP-Ring wird post-PKS durch *Tailoring*-Enzyme in den DHP-Ring umgewandelt.

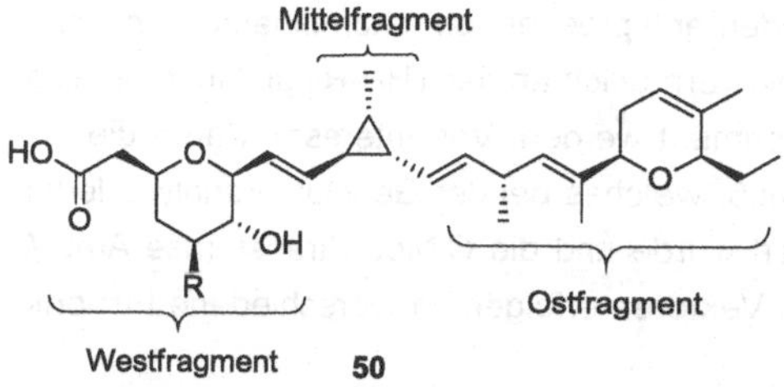

Abbildung 13: Allgemeine Struktur der Ambruticine.

Wie in Schema 4 dargestellt, gibt es fünf Möglichkeiten wie die THP-Ringsynthese entweder in Modul 3 oder in Modul 4 der PKS stattfinden kann. In dieser Arbeit sollten die möglichen Mechanismen der THP-Ringbildung in Modul 3 durch *in vitro* Versuche studiert werden (Schema 10).

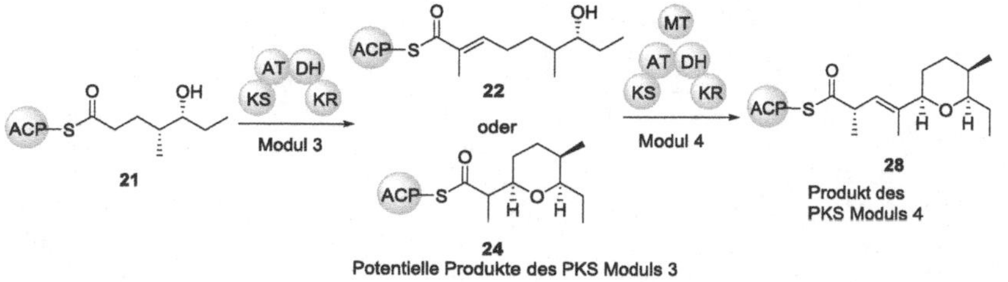

Schema 10: Strukturen der möglichen Vorläufer und Produkte von Modul 3 und 4.

Hierzu sollten die entsprechenden Vorläufer **51**, **52** und **53** von Modul 3 und AmbDH3 synthetisiert werden (Abbildung 14). Anstelle von Coenzym A (CoA)-Thioestern wurden *N*-Acetylcysteamin (SNAC)-Thioester gewählt, da diese synthetisch leichter zugänglich sind und in den meisten Fällen ebenfalls von PKS-Modulen und Domänen akzeptiert werden. Substrat **52** sollte als Diastereomerengemisch synthetisiert werden, da die genaue Stereochemie der Methylgruppe in α-Position zum Thioester zum jetzigen Zeitpunkt nicht bekannt ist.

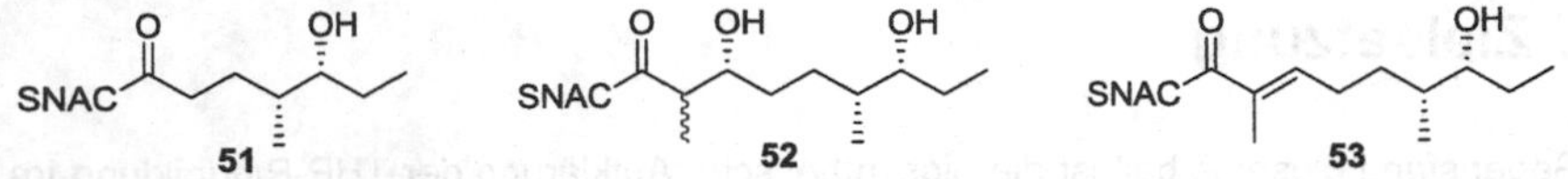

SNAC 51 SNAC 52 SNAC 53

Abbildung 14: Die in dieser Arbeit zu synthetisierenden Vorläufer und Produkte von Modul 3 für *in vitro* Untersuchungen.

Die Vorläufer sollten anschließend mit den entsprechenden rekombinanten Enzymen *in vitro* getestet werden. Dazu sollten die vermutlich an der THP-Ringbildung beteiligten Proteine kloniert und heterolog exprimiert werden. Von Interesse waren die Dehydratase aus Modul 3 (AmbDH3), Amb6, welches bei der Genclusteranalyse lediglich als hypothetisches Protein annotiert wurde und die *C*-Methyltransferase AmbM. Die Klonierung sollte in verschiedenen Vektoren erfolgen um verschiedene Fusionsproteine zu erhalten.

In der Masterarbeit von CLAUDIA HOLEC[30] wurde AmbM bereits als *N*-terminales His_6-Fusionsprotein exprimiert, konnte aber nicht durch Affinitätschromatographie gereinigt werden.

[30] C. Holec, Masterarbeit, *In vitro Untersuchungen der konservierten Tetrahydropyran-Bildung in den Biosynthesewegen der Ambruticine und Jerangolide*, Hannover **2012**.

3 Ergebnisse und Diskussion

3.1 Synthese der Testsubstrate

3.1.2 Retrosynthese

Die Testsubstrate **51**, **52** und **53** lassen sich retrosynthetisch auf das Aldehyd **54** zurückführen (Schema 11).

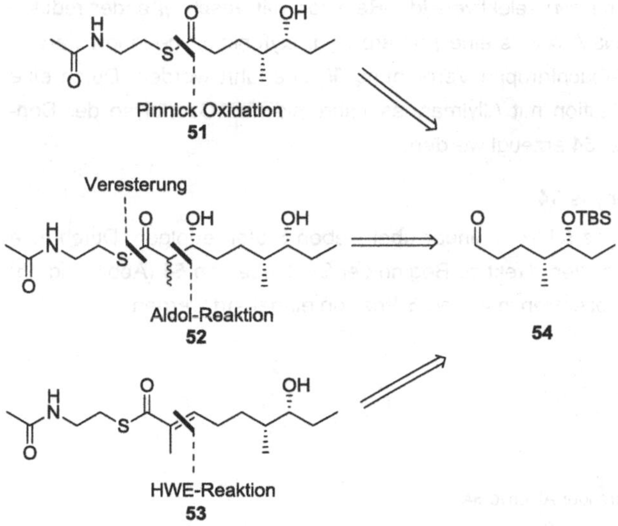

Schema 11: Retrosynthesen der herzustellenden Vorläufer und potentiellen Produkte von Modul 3.

Durch PINNICK-Oxidation von Aldehyd **54** mit nachfolgender Transformation in den SNAC-Ester sollte Testsubstrat **51** gewonnen werden. Die Synthese von Testsubstrat **52** sollte zunächst durch eine 3(*R*)-selektive Aldol-Reaktion mit anschließender Verseifung und Veresterung realisiert werden. Das Testsubstrat **53** sollte durch HORNER-WADSWORTH-EMMONS-(HWE)-Reaktion mit SNAC-Phosphonat generiert werden. Die Synthese der drei Testsubstrate sollte jeweils durch TBS-Entschützung abgeschlossen werden.

Die Synthese des Aldehyds **54** lässt sich retrosynthetisch in drei Schritte aufteilen (Schema 12).

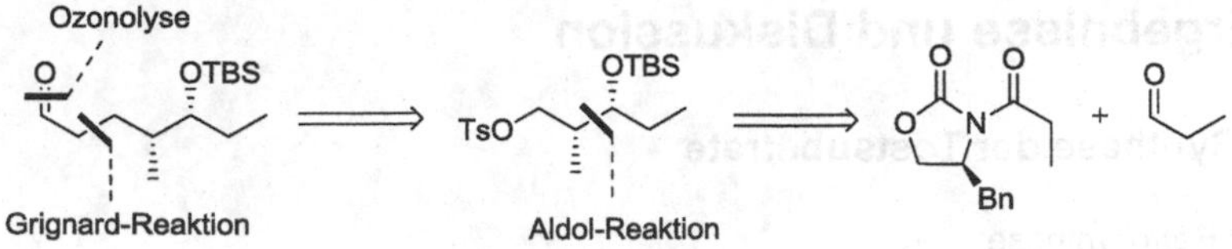

Ozonolyse
OTBS
OTBS
TsO
O O
O N
Bn
O
Grignard-Reaktion
Aldol-Reaktion
54 **55** **56** **57**

Schema 12: Retrosynthese des Aldehyds **54**.

Zunächst sollte durch eine *syn*-selektive Aldol-Reaktion mit anschließender reduktiver Entfernung des EVANS-Auxiliars eine primäre Hydroxyfunktion generiert werden und diese in eine Tosyl-Fluchtgruppe Verbindung **55** überführt werden. Durch eine nachfolgende S_N2-Substitution mit Allylmagnesiumbromid und Ozonolyse der Doppelbindung sollte Substrat **54** erzeugt werden.

3.1.2 Synthese des Aldehyds 54

Die Synthese des Aldehyds **54** sollte linear über sieben Stufen erfolgen. Durch eine selektive Aldol-Reaktion sollten direkt zu Beginn der Synthese von **54** (Abbildung 15) die zwei benötigten Stereozentren in 4- und 5-Position eingeführt werden.

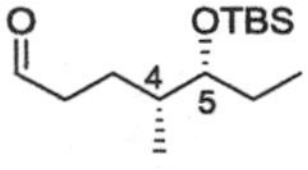

O OTBS
4 5
54

Abbildung 15: Zu synthetisierender Aldehyd **54**.

Um die gewünschte *syn*-Konformation zu erhalten wurde (4*S*)-4-Benzyloxazolidin-2-on (**58**) (EVANS-Auxiliar) als dirigierendes Auxiliar verwendet. Dieses wurde zunächst nach einer Literatur bekannten Vorschrift mit Propionylchlorid in 3-Position acyliert (Schema 13).[21]

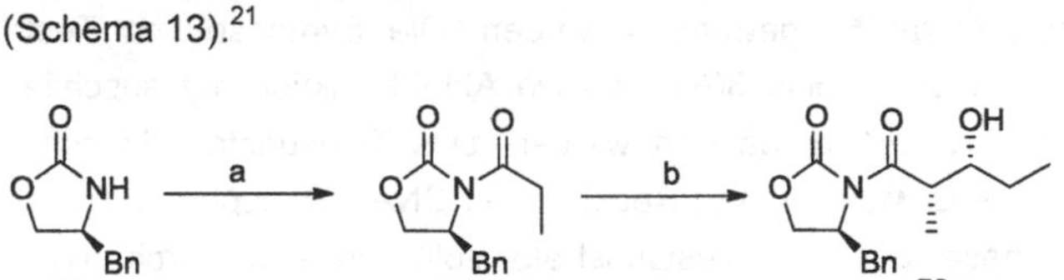

O
O NH
Bn
a
O O
O N
Bn
b
O O OH
O N
Bn
58 **56** **59**

Schema 13: Synthese des Aldol-Produktes **59**; Bedingungen: a) *n*-BuLi, Propionylchlorid, THF, -78 °C, 2 h, 80 %; b) nBu_2BOTf, DIPEA, Propionaldehyd, CH_2Cl_2, -78 °C, 4 h.

Die anschließende *syn*-selektive Aldol-Reaktion mit Propionaldehyd (**57**) wurde unter Verwendung von nBu$_2$BOTf als koordinierendes Reagenz durchgeführt. Durch die Verwendung von nBu$_2$BOTf in Kombination mit DIPEA oder anderen sterisch anspruchsvollen Aminbasen, wird selektiv das (*Z*)-Borenolat gebildet. In Schema 14 sind die beiden möglichen Lewis-Säure-Komplexe **61** und **62** dargestellt. Eine *cis*-Deprotonierung ist bei Verwendung von nBu$_2$BOTf zusammen mit DIPEA nicht favorisiert, da der sterische Einfluss der Triflat-Gruppe die Deprotonierung durch die sterisch anspruchsvolle Base behindert. Die Deprotonierung *trans* zur Triflat-Gruppe ist sterisch nicht gehindert, so dass als dominierendes Hauptprodukt das (*Z*)-Borenolat **63** gebildet wird.[31] Dies führt bei der Aldol-Reaktion selektiv zur Bildung des *syn*-Produkts.

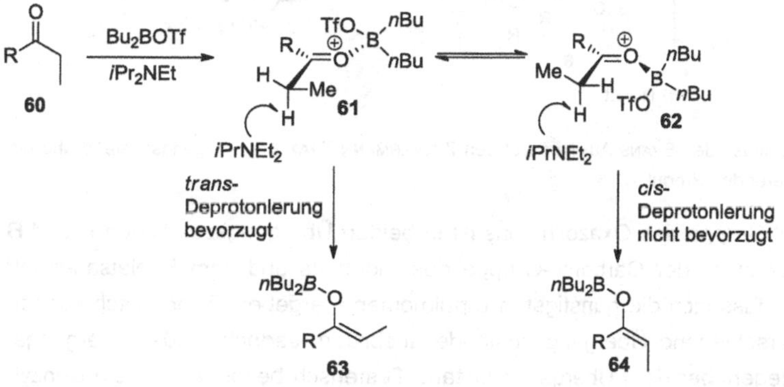

Schema 14: Selektive Darstellung des (*Z*)-Borenolats durch Verwendung von nBu$_2$BOTf in Kombination mit DIPEA.

Bei der Kontrolle der diastereofacialen Selektivität der Aldol-Reaktion spielt die Wahl des Auxiliars eine entscheidende Rolle. Um das gewünschte (2*R*,3*R*)-Produkt zu erhalten, wird die Aldol-Reaktion mit dem propionierte (4*S*)-EVANS-Auxiliar **58** durchgeführt. Dieses beeinflusst die Bildung des ZIMMERMANN-TRAXLER Übergangszustandes wie in Schema 15 gezeigt und führt zu dem gewünschten Enantiomer.

[31] J. M. Goodman, I. Peterson; *Tetrahedron Lett.* **1992**, *33*, 7223-7226.

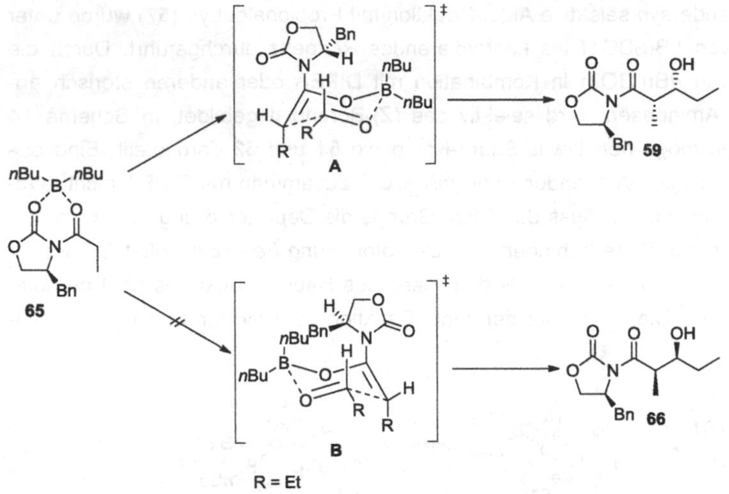

Schema 15: Einfluss des EVANS-Auxiliars auf den ZIMMERMANN-TRAXLER Übergangszustand und die dadurch resultierenden Produkte.

Die Carbonyl-Gruppe des Oxazolinidons ist in beiden Übergangszuständen **A** und **B** entgegengesetzt zu der Carbonyl-Gruppe des Aldehyds und dem Enolatsauerstoff orientiert, so dass sich die günstigsten Dipolmomente ergeben. Theoretisch können sich zwei verschiedene Übergangszustände ausbilden. Jedoch ist der Übergangszustand **A** gegenüber dem Übergangszustand **B** sterisch bevorzugt, da die Benzyl-Gruppe sich vom ausgebildeten Sechsring wegorientiert und nicht wie in Übergangszustand **B** in den Halbraum direkt über dem Sechsring ragt. Ausgehend von dem sterisch günstigen Übergangszustand **A**, kann durch die Orientierung der Benzyl-Gruppe nur ein Rückseitenangriff des Borenolats am Aldehyd erfolgen. Dies führt zum gewünschten *syn*-Produkt **59**.[32]

Das so erhaltene EVANS-Aldol-Produkt **59** wurde in der nächsten Stufe unter Standardbedingungen mit TBSOTf und 2,6-Lutidin geschützt (Schema 16).

[32] M. T. Crimmins, B. W. King, E. A. Tabet, K. Chaudhary, *J. Org. Chem.* **2002**, *66*, 894-902.

O O OH → a → O O OTBS
59 67

Schema 16: TBS-Schützung des erhaltenen EVANS-Aldol-Produkts **59**; Bedingungen: a) TBSOTf, 2,6-Lutidin, CH_2Cl_2, -78 °C auf RT, über Nacht, 80 % Ausbeute über zwei Stufen ausgehend von **56**.

Die anschließende Abspaltung des EVANS-Auxiliars zur freien primären Hydroxy-Funktion erfolgte unter Verwendung von $LiBH_4$ in wässrigem THF und konnte in guten Ausbeuten (Schema 17) durchgeführt werden.

67 → a → 68 → b → 55

Schema 17: EVANS-Auxiliar-Abspaltung mit anschließender Tosylierung; Bedingungen: a) $LiBH_4$, H_2O, THF, 0 °C, 4 h, 84 %; b) TsCl, Pyridin, CH_2Cl_2, 0 °C auf RT, 72 h, 50 %.

Um die freie Hydroxy-Gruppe von Substrat **68** für die nachfolgende Substitutionsreaktion in eine gute Abgangsgruppe zu überführen, wurde die Tosylierung gewählt (Schema 17). Diese gestaltete sich jedoch schwieriger als erwartet. Zum einem konnte diese Reaktion nur in kleinem Maßstab (< 200 mg) mit reproduzierbaren Ausbeuten zwischen 50 und 60 % durchgeführt werden. Zum anderen konnte der nach Literatur zu verwendende Überschuss an Tosylchlorid, auch bei Verwendung verschiedener Lösungsmittelsysteme, nicht vollständig durch Säulenchromatographie vom Produkt getrennt werden. Dieses Problem konnte durch Reduzierung der eingesetzten Äquivalente an Tosylchlorid von 2.4 auf 1.2 Äquivalente und durch eine Hydrolyse mit $NaHCO_3$-Lösung für 2 h nach beendeter Reaktion umgangen werden. Ein weiteres Problem stellte sich beim *scale up* der Reaktion von 0.2 g auf 1.5 g. Hierbei sank die Ausbeute auf lediglich 40 % und die Abtrennung des Produktes vom überschüssigen Tosylchlorid war auch durch lange Hydrolysezeiten nicht mehr vollständig gewährleistet, so dass ein Gemisch aus Produkt und Tosylchlorid erhalten wurde. Die Option der Variation der Abgangsgruppe, welches zu erhöhten Ausbeuten und einfacheren Reinigungsmöglichkeiten führen könnte, wurde aufgrund von Zeitmangel in dieser Arbeit nicht weiter verfolgt.

Schema 18: Bildung des terminalen Alkens **69**; Bedingungen: a) Allylmagnesiumbromid, Et_2O, 40 °C, 2.5 h.

Das Tosylat **55** sollte in der nächsten Stufe durch eine S_N2-Substitution mit einem Grignard-Reagenz in das terminale Alken **69** transformiert werden. Die unterschiedlichen getesteten Bedingungen sind Tabelle 2 zu entnehmen. Die ersten Ansätze mit 20.0 Äquivalenten an Allylmagnesiumbromid bzw. Allylmagnesium-chlorid basieren auf einer Veröffentlichung von KIGOSHI *et al.*.[33] Das Mesylat **70** wurde von CLAUDIA HOLEC zur Verfügung gestellt.

X = Mesylat (**70**) oder Tosylat (**55**) **69**

Schema 19: Überführung des Tosylats **55** bzw. Mesylats **70** in das terminale Alken **69**.

Der hohe Äquivalentenanteil an Allylmagnesiumbromid bzw. Allylmagnesiumchlorid führte nicht zum gewünschten Ergebnis. Bei Verwendung von 20.0 Äquivalenten Allylmagnesiumchlorid in THF bei einer Reaktionstemperatur von 70 °C konnte sowohl bei Verwendung des Tosylats **55** ebenso wie beim Mesylat **70** zum größten Teil nur die Zersetzung des Ausgangsmaterials beobachtet werden (Tabelle 2, Eintrag 1 und 4). Dies könnte auf die erhöhte Reaktionstemperatur von 70 °C zurückzuführen sein.

Bei Verwendung von Allylmagnesiumbromid in Et_2O, konnten sowohl beim Tosylat **55** als auch beim Mesylat **70** Spuren vom Produkt nachgewiesen werden (Tabelle 2, Eintrag 2 und 3). Jedoch wurde der größte Teil des gebildeten Produktes unter diesen Bedingungen TBS-entschützt.

Für die Optimierung dieser Reaktion wurde ausschließlich der Ansatz mit dem Tosylat **55** in Kombination mit Allylmagnesiumbromid in Et_2O bei 40 °C verfolgt, da diese milderen Reaktionsbedingungen bei den zuvor durchgeführten Versuchen die besten Ergebnisse lieferten (Tabelle 2, Eintrag 5). Um die ungewünschte TBS-Entschützung auf dieser Stufe der Synthese zu verhindern, wurde die Anzahl der Äquivalente an Allylmagnesiumbromid von 20.0 auf 5.0 Äquivalente reduziert. Hier-

[33] K. Kobayashi, Y. Fujii, I. Hayakawa, H. Kigoshi, *Org. Lett.* **2011**, *13*, 900-903.

durch konnte die Entschützung unterdrückt und somit die Synthese des terminalen Alkens **69** bei 40 °C in Et_2O erfolgreich durchgeführt. Das so gebildete Alken **69** ist ein stark unpolares Molekül, wodurch eine Reinigung mittels Säulenchromatographie nicht möglich war. Um trotzdem die polareren Verunreinigungen entfernen zu können, wurde eine Filtersäule mit reinem Petrolether an Silica durchgeführt.

Tabelle 2: Getestete Versuchsbedingungen zur Transformation des Tosylats **55** bzw. Mesylats **70** in das terminale Alken **69**.

Eintrag	Bedingungen	Ergebnis
1	**55**, Allylmagnesiumchlorid (20.0 Äq), THF, 70 °C, 2.5 h	Spuren von Produkt, starke Zersetzung
2	**55**, Allylmagnesiumbromid (20.0 Äq.), Et_2O, 40 °C, 2.5 h	unvollständiger Umsatz, teilweise TBS-Entschützung
3	**70**, Allylmagnesiumbromid (20.0 Äq.), Et_2O, 40 °C, 2.5 h	Spuren von Produkt, teilweise TBS-Entschützung, teilweise Zersetzung
4	**70**, Allylmagnesiumchlorid (20.0 Äq.), THF, 70 °C, 2.5 h	Zersetzung
5	**55**, Allylmagnesiumbromid (5.0 Äq.), Et_2O, 40 °C, 2.5 h	nahezu vollständiger Umsatz*

*Die genaue Ausbeute dieser Reaktion konnte nicht ermittelt werden, da eine Reinigung des terminalen Alkens **69** nicht möglich war.

Der letzte Schritt zur Herstellung des Aldehyds **54** war die Transformation des terminalen Alkens **69** in den entsprechenden Aldehyd (Schema 20).

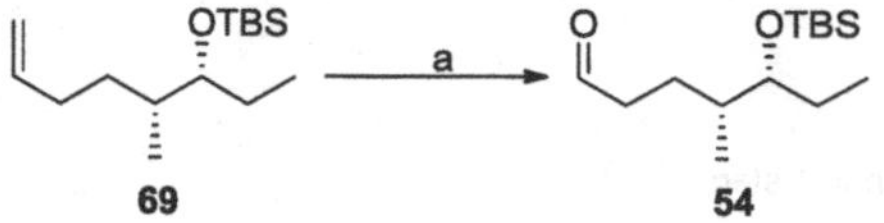

Schema 20: Überführung des terminalen Alkens **69** in den Aldehyd **54** durch Ozonolyse; Bedingungen: a) O_3, SMe_2, -78 °C, 60 % über zwei Stufen ausgehend von **55**.

Diese Reaktion wurde unter Verwendung von aus Sauerstoff durch elektrische Entladung erzeugtem Ozon durchgeführt und mittels SMe_2 beendet. Der Aldehyd **54** konnte in guten Ausbeuten von 60 % über zwei Stufen ausgehend vom Tosylat **55** gewonnen werden. Da es sich bei diesem Aldehyd **54** um eine instabile Verbindung handelt, die zur Dimerisierung neigt, wurde dieser immer frisch hergestellt und sofort in der folgenden Reaktion eingesetzt.

3.1.3 Synthese des Testsubstrats **53**

Ausgehend von Aldehyd **54** sollte in einer Zweistufensynthese der α,β-ungesättigte SNAC-Ester **53** synthetisiert werden (Schema 21). Bei Verbindung **53** handelt es sich um ein potentielles Produkt des PKS Modul 3.

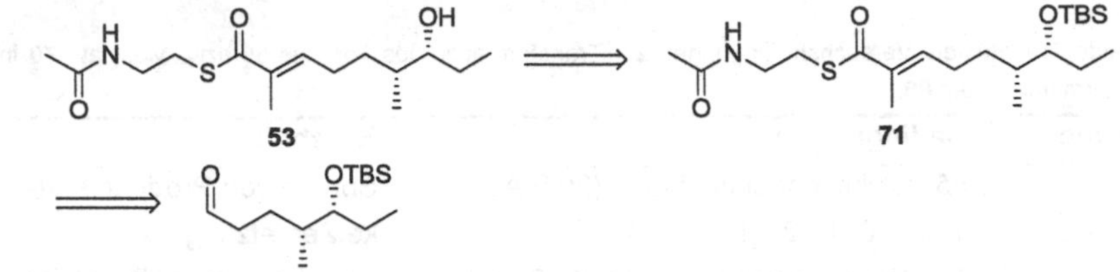

Schema 21: Retrosynthese des α,β-ungesättigten SNAC-Esters **53**.

In der Natur sind die wachsenden Polyketidketten der PKS über eine Thiolgruppe einer Phosphopantetheingruppe an das *Acyl-Carrier-Protein* (ACP) gebunden. Das 4-Phosphopantethein stellt beim ACP die prosthetische Gruppe dar (s. Schema 1).

Da es sich beim Coenzym A (CoA) um ein sehr komplexes, synthetisch aufwendiges Molekül handelt werden in dieser Arbeit anstelle von CoA-Estern die leichter zugänglichen SNAC-Ester **72** (Abbildung 16) synthetisiert. Beim SNAC-Ester handelt es sich um ein Strukturanalogon zur 4-Phosphopantethein-Einheit vom CoA-Ester, welches wie erwähnt die aktive Komponente des ACP darstellt. So werden in den meisten Fällen die SNAC-Ester genauso wie die CoA-Ester von den Enzymen akzeptiert.

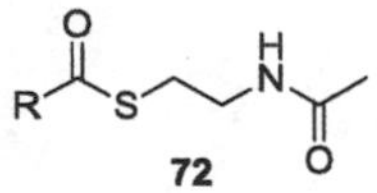

Abbildung 16: Struktureinheit des *N*-Acetylcysteamin-Esters.

Die Einführung der (*E*)-Doppelbindung bei Substrat **71** gelang selektiv mittels HORNER-WADSWORTH-EMMONS Reaktion (Schema 22).

Das in dieser Arbeit verwendete SNAC-Phosphonat **73** wurde von JÜRGEN FISCHER zur Verfügung gestellt.

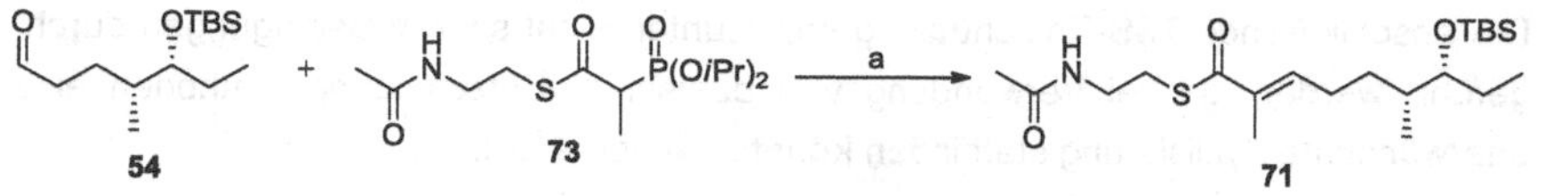

Schema 22: Synthese des α,β-ungesättigten SNAC-Esters **71**; Bedingungen: a) SNAC-Phosphonat **73**, DBU, THF, 0 °C auf RT, 48 h, 40 %.

Durch die Verwendung des SNAC-Phosphonates **73** wurde selektiv das (*E*)-Alken mit einem *E*/*Z*-Verhältnis von > 10:1 gebildet. Der Mechanismus der HWE ist in Schema 23 gezeigt. Das durch Deprotonierung gebildete Phosphonatcarbanion **74** kann mit dem Aldehyd in Gleichgewichtsreaktionen zu den Übergangszuständen **75a** oder **76a** reagieren. Addukt **75a** ist aus sterischen Gründen nicht begünstigt. Durch anschließende Rotation und Zyklisierung zum sterisch und vor allem thermodynamisch günstigen Übergangszustand **75b** wird aber dieser Reaktionspfad begünstigt und führt zum (*E*)-Alken. Das sterisch günstige Hauptaddukt **76a** kann zwischen der Rückreaktion zu **74** und der sterisch ungünstigen Rotation mit anschließender Zyklisierung zu **76b** wählen. Da das Ausgangsphosphonatcarbanion durch Mesomerie mit der Carbonylgruppe des SNAC-Esters stabilisiert wird, begünstigt dies die Rückreaktion. Das zurückgebildete Phosphonatcarbanion kann dann zum (*E*)-Alken reagieren.

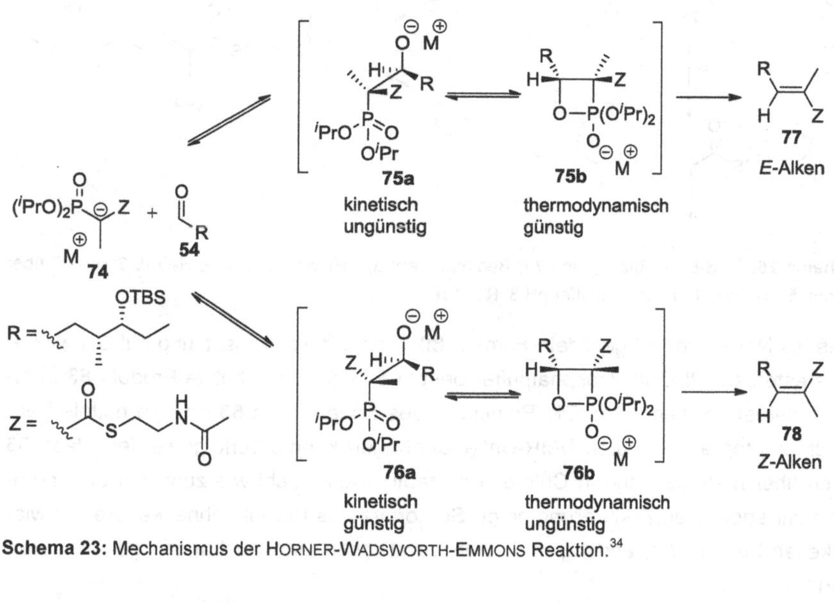

Schema 23: Mechanismus der HORNER-WADSWORTH-EMMONS Reaktion.[34]

[34] B. E. Maryanoff, A. B. Reitz, *Chem. Rev.* **1989**, *89*, 863-927.

Die anschließende TBS-Entschützung sollte unter leicht sauren Bedingungen durchgeführt werden, da bei Verwendung von basischen Entschützungsmethoden eine unerwünschte Zyklisierung stattfinden könnte (Schema 24).

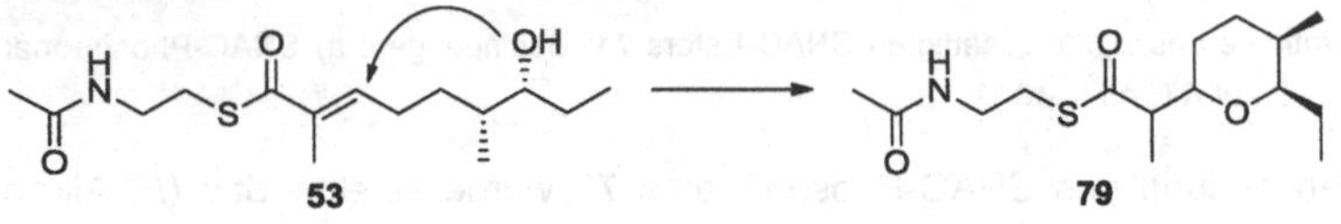

Schema 24: Möglichkeit der unerwünschten Zyklisierung unter basischen Bedingungen.

Zum einem wurde als milde Entschützungsmethode die Verwendung von TBAF (3.0 Äq.) in Kombination mit Essigsäure gewählt. Hierbei konnte nach dreitägiger Reaktionszeit nur das Startmaterial zurückgewonnen werden. Als Alternativmethode wurde ein schwach azides Gemisch aus THF/Ameisensäure/H_2O (6:3:1) getestet. Diese Methode lieferte neben dem gewünschten entschützten Produkt zusätzlich das Formiat **80**.

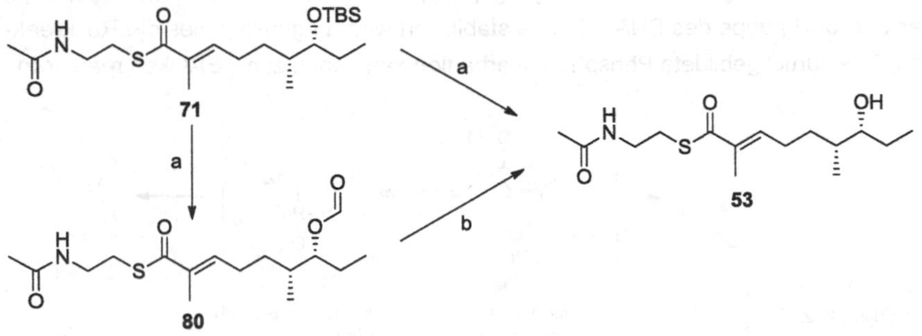

Schema 25: TBS-Entschützung von **71**; Bedingungen: a) THF/Ameisensäure/H_2O (6:3:1), RT, über Nacht, 55 %, b) PLE, Phosphatpuffer pH 8, RT, 4 h.

Das als Nebenprodukt gebildete Formiat **80** konnte durch Umsetzung mit Schweineleberesterase (PLE) in Phosphatpuffer bei pH 8 in das entschützte Produkt **53** überführt werden (Schema 25). Die Reinigung des Endprodukts **53** erfolgte mittels Säulenchromatographie. Durch NMR-Untersuchungen konnte verfolgt werden, dass **53** auch über mehrere Tage in Chloroform stabil ist und nicht wie zunächst angenommen zur spontanen Zyklisierung neigt. So konnte das Produkt ohne weitere Schwierigkeiten bis zur Verwendung in den enzymatischen Untersuchungen gelagert werden.

3.1.4 Synthese des vereinfachten Testsubstrates **81**

Um die Aktivität von AmbDH3 zu überprüfen und ihre mögliche Funktion als Pyransynthase zu eruieren, sollte das Testsubstrat **52** (Abbildung 17) synthetisiert werden. Da zum Zeitpunkt dieser Arbeit die genaue Stereochemie der α-Position im PKS-Zwischenprodukt nicht bekannt ist, sollte **52** als Diastereomerengemisch synthetisiert werden. Die 3(*R*)-selektive Aldolmethode zur Erzeugung des Diastereomerengemisches sollte auf dem Weg zur vereinfachten Verbindung **81** getestet werden. Mit **81** kann ebenso wie mit dem nativen Testsubstrat **52** die AmbDH3-Aktivität untersucht werden. Lediglich die Möglichkeit zur Untersuchung der THP-Ringbildung ist bei **81** nicht gegeben.

52 **81**

Abbildung 17: Zu synthetisierende Testsubstrate **52** und **81** zur Überprüfung der Aktivität von AmbDH3 und ihrer möglichen Funktion als Pyransynthase.

Die Stereochemie der C3-Position konnte durch Alignments mit Ketoreduktasen aus dem Erythromycin-Biosyntheseweg (EryKR) vorausgesagt werden.

```
EryKRII     -TILVTGGTAGLGAEVARWLAGR-GAEHLALVSRRGPDTEGVGDLTAELTRLGAR-VSVH 57
EryKRVI     GTALVTGGTGALGGHVARHLARC-GVEDLVLVSRRGVDAPGAAELEAELVALGAK-TTIT 58
EryKRV      GTVLVTGGTGGIGAHVARWLARS-GAEHLVLLGRRGADAPGASELREELTALGTG-VTIA 58
EryKRI      GTVLVTGGTGGVGGQIARWLARR-GAPHLLLVSRSGPDADGAGELVAELEALGAR-TTVA 58
AmbKR3      GTVLITGGTGELGRQVARHLVAAHGVRHLVLTSRRGMDAPDAAALVDELRAAGAATVDVA 60
             * *:****. :* .:** *.   *. .* * .* * *: ... *  **. *:  . :

EryKRII     ACDVSSREPVRELVHGLIEQGDVVRGVVHAAGLPQQVAINDMDEAAFDEVVAAKAGGAVH 117
EryKRVI     ACDVADREQLSKLLEELRGQGRPVRTVVHTAGVPESRPLHEIGE--LESVCAAKVTGARL 116
EryKRV      ACDVADRARLEAVLAAERAEGRTVSAVMHAAGVSTSTPLDDLTEAEFTEIADVKVRGTVN 118
EryKRI      ACDVTDRESVRELLGGIG-DDVPLSAVFHAAATLDDGTVDTLTGERIERASRAKVLGARN 117
AmbKR3      ACDVADGAALGAVIAAIP-AAHPLTAVVHMAGVLDDVIVTKLSAEQLARVLRPKIDGGWH 119
            ****:.   :  ::          :  *.* *.   .  :  :    :         *  *

EryKRII     LDELCSDAEL--FLLFSSGAGVWGSARQGAYAAGNAFLDAFARHRRGRGLPATSVAWGLW 175
EryKRVI     LDELCPDAET--FVLFSSGAGVWGSANLGAYSAANAYLDALAHRRRAEGRAATSVAWGAW 174
EryKRV      LDELCPDLDA--FVLFSSNAGVWGSPGLASYAAANAFLDGFARRRRSEGAPVTSIAWGLW 176
EryKRI      LHELTRELDLTAFVLFSSFASAFGAPGLGGYAPGNAYLDGLAQQRRSDGLPATAVAWGTW 177
AmbKR3      LAAATRGHRLAAFVLFSSAAGTLGSAGQANYAAANAFLDALAAQLRARGVPAMSLAWGFW 179
            *          *:**** *..  *:.  . *:..**:**.:* : *. *  .. ::*** *

EryKRII     AA 177
EryKRVI     AG 176
EryKRV      AG 178
EryKRI      AG 179
AmbKR3      EQ 181
```

Abbildung 18: Alignment der Ambruticin-Ketoreduktase aus Modul 3 (AmbKR3) mit Ketoreduktasen aus der Erythromycin-Biosynthese (EryKR) mittels *ClustalW*. Die wichtigen Positionen sind rot markiert.

Wie Abbildung 18 zeigt, besitzt die Ambruticin-Ketoreduktase in Modul 3 (AmbKR3) genauso wie EryKRI ein charakteristisches LDD-(Leucin-Asparaginsäure-Asparaginsäure)-Motiv in Position 93-95. Dieses LDD-Motiv wurde von CAFFREY als typisch für eine B-Typ Ketoreduktase identifiziert die zur Bildung des D-Alkohols **84** führt. Das konservierte W (Tryptophan) wie es bei EryKRII, EryKRVI und EryKRV zu finden ist, ist charakteristisch für A-Typ Ketoreduktasen. Diese katalysieren die Bildung von L-Alkohol wie **83** (Abbildung 19).[19]

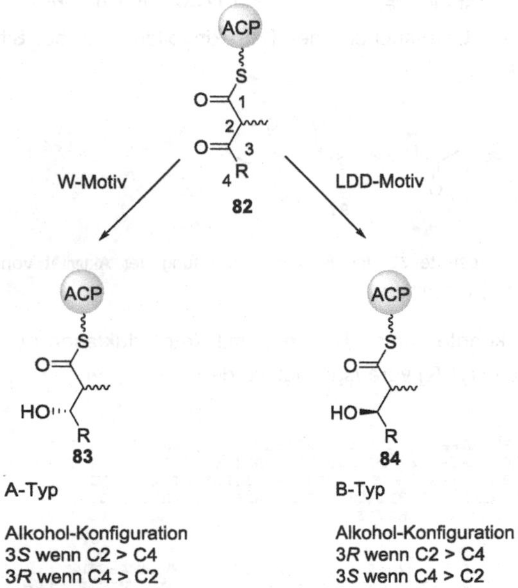

W-Motiv

LDD-Motiv

82

83

84

A-Typ

Alkohol-Konfiguration
3*S* wenn C2 > C4
3*R* wenn C4 > C2

B-Typ

Alkohol-Konfiguration
3*R* wenn C2 > C4
3*S* wenn C4 > C2

Abbildung 19: Korrelation der Ketoreduktasen-Domänen mit der Stereochemie des gebildeten Alkohols.

Hieraus kann abgeleitet werden, dass es sich bei dem in PKS-Modul 3 von Ambruticin erzeugten Alkohol um einen D-Alkohol (**84**) handeln muss. Dadurch ergibt sich für die Synthese des Testsubstrates **81**, dass die 3-Position D- bzw. (*R*)-Konfiguration aufweisen muss.

Wie die Retrosynthese in Schema 26 zeigt, sollte Substrat **81** ausgehend von einer 3(*R*)-selektiven Aldol-Reaktion unter Verwendung von (4*S*)-4-Benzyl-3-propionyloxazolidin-2-on (**56**) aufgebaut werden.

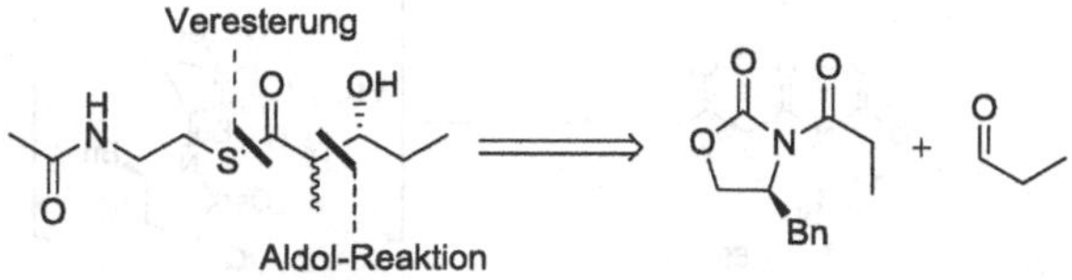

Veresterung

Aldol-Reaktion

81 56 57

Schema 26: Retrosynthese des vereinfachten Testsubstrats **81**.

Dem Literaturprotokoll [35] folgend, wurde als Lewis-Säure für die Aldol-Reaktion Et_2AlCl in Kombination mit *n*Bu_2BOTf verwendet (Schema 27).

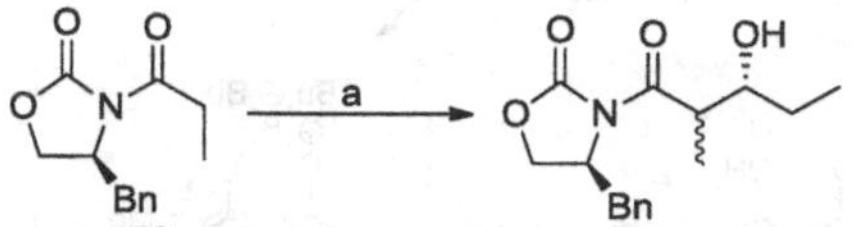

Schema 27: Synthese vom Aldol-Produkt **85** als Diastereomerengemisch; Bedingungen: a) Propionaldehyd, *n*Bu_2BOTf, DIPEA, Et_2AlCl, CH_2Cl_2, -78 °C, 4 h, 54 %.

Der Mechanismus der 3(*R*)-selektiven Aldol-Reaktion ist in Schema 28 gezeigt. Zunächst wird durch die Verwendung von *n*Bu_2BOTf in Kombination mit DIPEA das (*Z*)-Borenolat **86** gebildet. Das Propionaldehyd wird durch die zusätzlich verwendete Lewis-Säure Et_2AlCl vorkomplexiert. Die Vorkomplexierung führt bei Reaktion mit dem (*Z*)-Borenolat zur Ausbildung des offenen Übergangszustandes **D**. In diesem ist das Bor des (*Z*)-Enolats zusätzlich chelatisiert von der Carbonyl-Gruppe des Oxazolidinons. Der offene Übergangszustand **D** führt durch Bildung des *si*-*si*-Adduktes zum *anti*-Aldol Produkt **88**. In Abhängigkeit der Äquivalentenzahl an Et_2AlCl liegt ein Teil des Propionaldehyds auch unkomplexiert vor. Dieser reagiert mit dem (*Z*)-Borenolat über den ZIMMERMANN-TRAXLER Übergangszustand **C** zum *syn*-Aldol-Produkt.[35,36]

[35] M. A. Walker, C. H. Heathcock, *J. Org. Chem.* **1991**, *56*, 5747-5750.
[36] H. Danda, M. M. Hansen, C. H. Heathcock, *J. Org. Chem.* **1990**, *55*, 173-181.

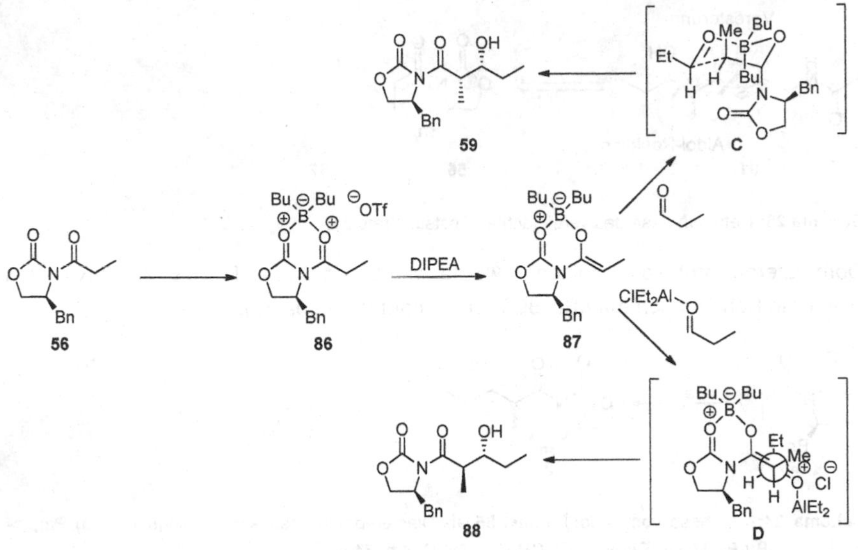

Schema 28: Mechanismus der 3(*R*)-selektiven Aldol Reaktion.

Die Stereoselektivität der Reaktion ist außerdem abhängig von der Art der Lewis-Säure. Bei Komplexierung des Aldehyds mit kleinen Lewis-Säuren wie $SnCl_4$ oder $TiCl_4$ führen diese über den offenen Übergangszustand **F** zum *syn*-Aldol Produkt. Große Lewis Säuren wie Et_2AlCl führen hingegen, wie beschrieben, über den offenen Übergangszustand **D** zum *anti*-Aldol Produkt (Abbildung 20).

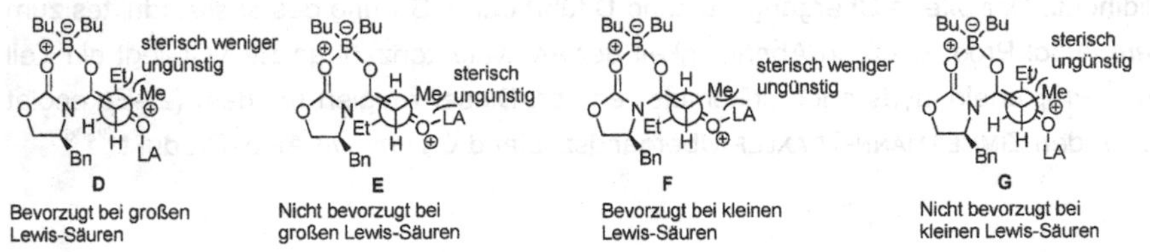

Abbildung 20: Mögliche offene Übergangszustände der Aldol-Reaktion bei Verwendung zusätzlicher Lewis-Säuren.

Produkt **85** konnte in moderaten Ausbeuten (54 %) und einem Diastereomerenverhältnis von 3:2 (*syn*:*anti*) synthetisiert werden (Schema 29).

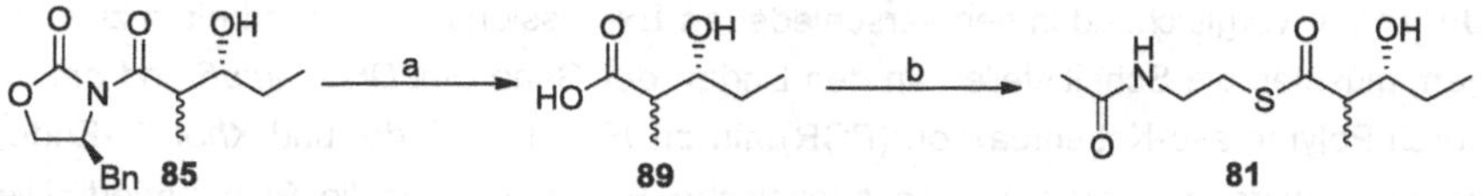

Schema 29: Synthese von Testsubstrat **81** ausgehend vom Aldol-Produkt **85**; Bedingungen: a) LiOH, H_2O_2 (30 %), THF/H_2O (3:1), 0 °C, 4 h, b) DIC, 4-DMAP, SNAC, CH_2Cl_2, 0 °C auf RT, 48 h, 30 % über zwei Schritte ausgehend von **85**.

Die Abspaltung des EVANS-Auxiliars zur Generierung der freien Säure **89**, sowie die anschließende Transformation in den SNAC-Ester **81** erfolgte nach dem Protokoll von VERGNOLLE *et al.*.[21] Die Carbonsäure **89** wurde nach Säure-Base-Extraktion in die Veresterung mit SNAC eingesetzt (Schema 29). Diese Reaktion gelang in einer Ausbeute von 30 % ausgehend von Aldol-Produkt **85**. Eine Optimierung der Reaktion wurde in dieser Arbeit nicht angestrebt, da das vorrangige Ziel die schnelle und einfache Synthese des Testsubstrates **81** war.

3.2 Biologische Arbeiten

Für die *in vitro* Untersuchungen zur THP-Ringbildung sollten die benötigten synthetischen Gene für *ambDH3* und *amb6* in unterschiedliche Expressionsvektoren ligiert und anschließend exprimiert werden. Weiterhin sollte die bereits in vorherigen Arbeiten von CLAUDIA HOLEC erfolgreich als His_6-Fusionsprotein exprimierte *C*-Methyltransferase AmbM in unterschiedliche Expressionsvektoren ligiert und nach der anschließenden Expression eine Aufreinigungsstrategie etabliert werden.

3.2.1 Klonierung von ambDH3, amb6 und ambM in verschiedene Expressionsvektoren

Die Klonierung von *ambDH3*, sowie von *amb6* erfolgte ausgehend vom jeweiligen synthetischen Gen, welche flankiert von den Schnittstellen *Nde*I (5'-Ende) und *EcoR*I (3'-Ende), im pMK-Vektor erworben wurden (Vektorkarte s. Kapitel 7.1). Die synthetischen Gene und die ausgewählten Expressionsvektoren pET28a(+), pET20b(+), pET32a(+) und pGEX-6P-1 wurden zunächst durch Transformation in chemisch kompetente *E. coli* Top 10® Zellen, Kultivierung und anschließende Plasmidisolation vervielfältigt. Die Isolierung und Reinigung der Plasmid-DNA erfolgte mittels alkalischer Lyse.

Um später vergleichend in den verschiedenen Expressionsvektoren arbeiten zu können, mussten die Schnittstellen an den Enden der Gene *ambDH3*, *amb6* und *ambM* durch Polymerase-Kettenreaktion (PCR) hin zu *EcoR*I (5'-Ende) und *Xho*I (3'-Ende) geändert werden. Hierzu wurden spezifische Primer (s. Tabelle 9) generiert. Die durch PCR erhaltenen Amplifikate wurden gelelektrophoretisch aufgetrennt, aus dem Gel extrahiert und gereinigt (Abbildung 21).

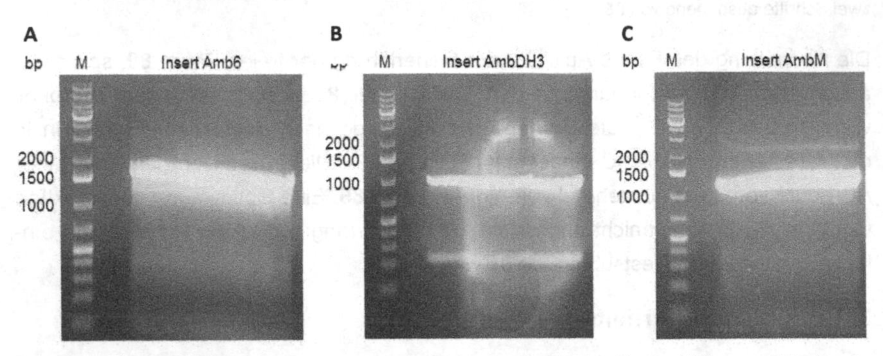

Abbildung 21: Amplifikation der synthetischen Gene durch PCR für die Restriktion und Ligation in Expressionsvektoren; A) *amb6*: 1443 bp, B) *ambDH3*: 948 bp, C) *ambM*: 1194 bp.

Die so erhaltene Plasmid-DNA und die linearen PCR-Fragmente wurden mit den Restriktionsendonucleasen *EcoR*I und *Nde*I bzw. *EcoR*I und *Xho*I behandelt. Die dadurch generierten klebrigen Enden sind notwendig für die Ligation des synthetischen Gens in den Expressionsvektor. Nach Auftrennung der geschnittenen DNA mittels Agarose-Gelelektrophorese erfolgte die Isolierung und Reinigung der linearisierten Fragmente.

Der Ligationsansatz aus dem mit *EcoR*I und *Nde*I geschnittenen pET28a(+)-Vektor, dem synthetischen Gen *ambDH3* bzw. *amb6* (Abbildung 22) und der T4-DNA-Ligase wurde anschließend in *E. coli* Top 10® Zellen transformiert und auf kanamycinhaltigen Agarplatten selektiert.

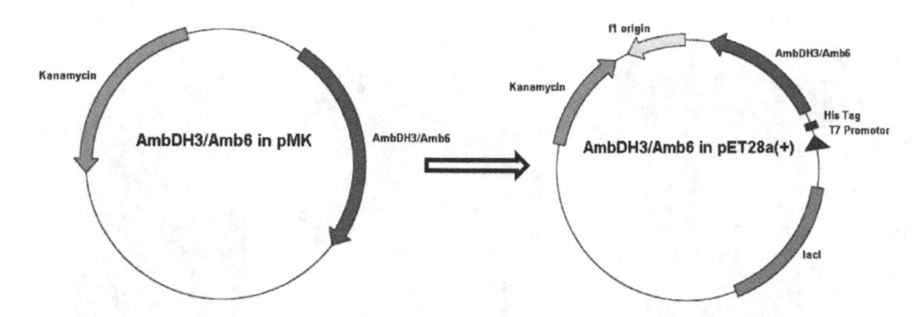

Abbildung 22: Ligation von *ambDH3* und *amb6* ausgehend vom synthetischen Gen im pMK-Vektor in den pET28a(+)-Expressionsvektor.

Die Ligationsansätze bestehend aus den mit *EcoR*I und *Xho*I geschnittenen synthetischen Gen *ambDH3*, *amb6* oder *ambM*, dem geschnitten Expressionsvektor pET20b(+), pET32a(+) oder pGEX-6P-1 und der T4-DNA-Ligase wurden auf carbenicillinhaltigen Agarplatten selektiert.

Die Überprüfung der positiven Transformanden erfolgte mittels Kolonie-PCR. Die hierbei als positiv bewerteten Kolonien wurden über Nacht in kanamycinhaltigen oder carbnicillinhaltigen Flüssigkulturen amplifiziert und die isolierte Plasmid-DNA anschließend zur Verifizierung der Kolonie-PCR Ergebnisse erneut mit den entsprechenden Restriktionsenzymen geschnitten. Nach Auftrennung der DNA-Fragmente durch Agarose-Gelelektrophorese wurden Banden erhalten, die den zu erwartenden Fragmentgrößen für *ambDH3*, *amb6*, *ambM* und den Expressions-vektoren entsprachen (Abbildung 23).

Die Identität der so erzeugten rekombinanten Plasmide pET20b(+)_AmbDH3, pET28a(+)_AmbDH3, pET32a(+)_AmbDH3, pGEX-6P-1_AmbDH3, pET20b(+)_Amb6, pET28a(+)_Amb6, pET32a(+)-Amb6, pGEX-6P-1_Amb6, pET20b(+)_AmbM, pET32a(+)_AmbM und pGEX-6P-1_AmbM konnte vollständig durch Sequenzierung (Firma *GATC Biotech AG*) bestätigt werden.

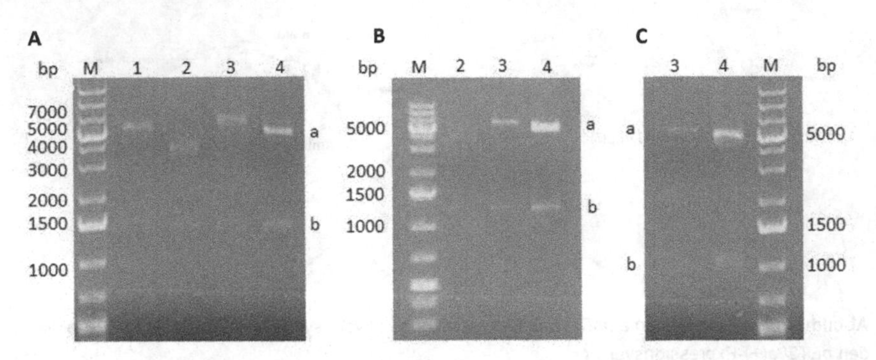

Abbildung 23: Verifizierung der erfolgreichen Ligation durch Testrestriktion; A) *amb6*-Konstrukte B) *ambM*-Konstrukte C) *ambDH3*-Konstrukte. Auf den einzelnen Gelen sind die jeweiligen Expressionsvektortypen auf gleichbezeichneten Bahnen aufgetragen. Theoretische Fragmentgrößen: pET28a(+): 5323 bp (1), pET20b(+): 3682 bp (2), pET32a(+): 5866 bp (3), pGEX-6P-1: 4969 bp (4), M: Marker. Bande a: geschnittener Expressionsvektor; Bande b: geschnittenes synthetisches Gen.

Die Expression wurde vergleichend in den unterschiedlichen Expressionsvektoren durchgeführt. Deren Charakteristika sind in Abbildung 24 dargestellt.

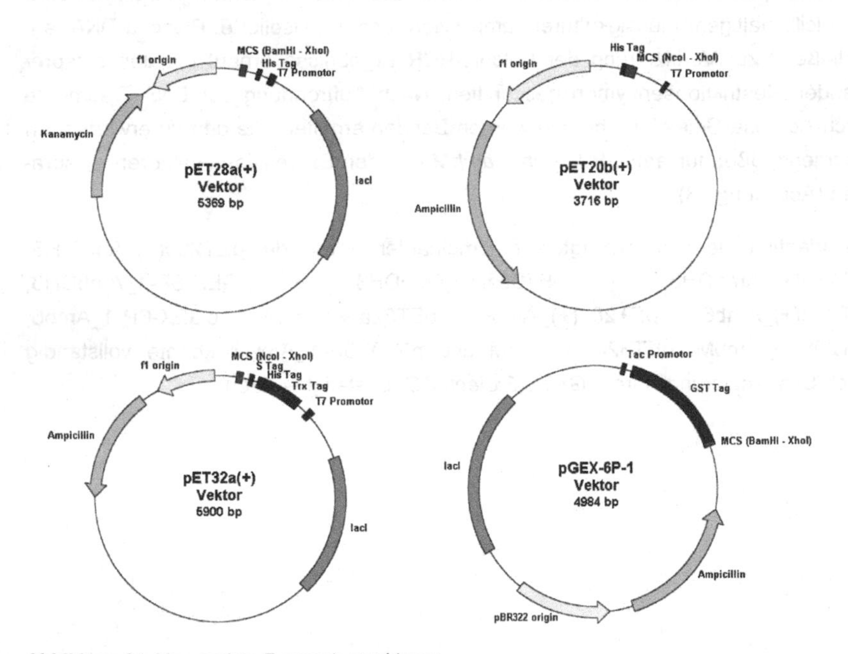

Abbildung 24: Verwendete Expressionsvektoren.

Die Expressionsvektoren pET20b(+), pET32a(+) und pGEX-6P-1 tragen eine Ampicillinresistenz. Da es sich bei Ampicillin (**90**) um ein temperatur- und lichtempfindliches Antibiotikum handelt, wird bei den mikrobiologischen Arbeiten das Strukturanalogon Carbenicillin (**91**) verwendet (Abbildung 25). pET28a(+) trägt eine Kanamycinresistenz.

Ampicillin, **90** Carbenicillin, **91**

Abbildung 25: Ampicillin (**90**) und sein Strukturanalogon Carbenicillin (**91**).

Der pET28a(+)-Vektor trägt ein N-terminales Histidin (His)-Tag. Dieses besteht aus sechs Histidinresten und gehört somit zu den kleinen Tags, welches nach erfolgreicher Expression des Proteins nicht notwendigerweise durch spezifische Proteasen wieder abgespalten werden muss. Proteine die mit einem His-Tag versehen sind, können mittels Cu^{2+}-, Ni^{2+}- oder Co^{2+}- Affinitätschromatographie gereinigt werden.

Der pET20b(+)-Vektor ermöglicht die Fusion eines C-terminalen His-Tags. Durch das Einklonieren eines Stopcodons ans Ende der Proteinsequenz wurde dieser Vektortyp allerdings verwendet um eine Variante ohne Affinitäts-Tag herzustellen. Als alternative Möglichkeit zur Reinigung des Proteins könnte die Gelfiltrations-Chromatographie genutzt werden.

Die Verwendung des pGEX-6P-1-Expressionvektors führt zu einem Fusionsprotein mit N-terminalem Glutathion S-Transferase (GST)-Tag. Mit seinen 26 kDa ist dieses eines der größten verwendeten Tags für Proteine. Die Reinigung eines N-terminalen GST-Fusionsproteins kann durch Affinitätschromatographie an immobilisiertem Glutathion erreicht werden. Des Weiteren kann das GST-Tag einen positiven Einfluss auf das Expressionsergebnis haben, da es ebenfalls die Eigenschaft eines Löslichkeits-Tags hat. Das GST-Tag muss nach erfolgreicher Reinigung durch Verwendung einer spezifische Protease vom Protein abgetrennt werden.[37]

Als weiterer Expressionsvektor wurde der pET32a(+)-Vektor gewählt. Dieser trägt zusätzlich zum N-terminalen His-Tag zwei weitere N-terminale Tags: das S-Tag und das Thioredoxin Tag.

---

[37] K. Terpe, *Proteinseparation mit Affinitäts-Tags* **2004**, Teil 1,2,3 in Laborjournal 6/2004, 9/2004 bzw. 10/2004.

Das S-Tag zählt mit seiner Sequenz aus 15 Aminosäuren (vier kationische, drei anionische, drei ungeladene und fünf nicht-polare Aminosäuren) zu den Tags mittlerer Größe. Es fungiert als Löslichkeits-Tag und bietet durch seine hohe Affinität zum S-Fragment der RNAse A eine gute Möglichkeit zur Reinigung des Proteins mittels Affinitätschromatographie.[38] Beim Thioredoxin (Trx)-Tag, welches aus 109 Aminosäuren besteht, handelt es sich um ein Löslichkeits-Tag. Durch die Verwendung des Trx-Tags bei Fusionsproteinen soll die Bildung von Einschlusskörpern verhindert und somit eine bessere Löslichkeit des Proteins erreicht werden.[39] Sowohl das S-Tag als auch das Trx-Tag müssen nach erfolgreicher Reinigung des Proteins durch spezifische Proteasen abgespalten werden.

3.2.2 Heterologe Expression verschiedener Fusionsproteine von AmbDH3, Amb6 und AmbM

Die heterologe Expression der unterschiedlichen Expressionskonstrukte wurde in *E. coli* BL21(DE3) Zellen durchgeführt. Ein häufig auftretendes Problem ist die Löslichkeit des Proteins, da es durch Fehlfaltungen zur Ausbildung von Proteinaggregaten (*Inclusion bodies*) kommen kann und somit das Protein nach dem Zellaufschluss in unlöslicher Form im Zellpellet vorliegt. Die anschließende Reinigung des Fusionsproteins stellt den zweiten problematischen Faktor dar. Ist das Protein ungünstig gefaltet, kann der Tag unzugänglich im Inneren des Proteins vorliegen, woraus eine Untauglichkeit für die Affinitätschromatographie resultiert. Um diese beiden Probleme zu umgehen, sollte in dieser Arbeit die Expression vergleichend in unterschiedlichen Expressionsvektoren stattfinden. Diese können durch die bereits beschriebenen unterschiedlichen Tag-Systeme Einfluss auf die Löslichkeit und Reinigung der exprimierten Proteine haben (s. Kapitel 3.2.1).

Hierfür wurden die synthetischen Gene *amb6*, *ambDH3* und *ambM*, wie in 3.2.1 beschrieben, in vier verschiedene Expressionsvektoren ligiert. Zur Anwendung bei den Expressionsstudien kamen jedoch nur *amb6*, *ambDH3* und *ambM* in den Expressionsvektoren pET28a(+), pET32a(+) und pGEX-6P-1. Die Konstrukte aus den synthetischen Genen und dem pET20b(+)-Vektor wurden in den Expressionsstudien aus Zeitgründen nicht berücksichtigt.

Für die Expressionsstudien wurden 20 mL bzw. 50 mL LB-Medium mit 20 µL bzw. 50 µL Kanamycin oder Carbenicillin mit einer *E. coli* BL21(DE3) Vorkultur auf eine

[38] R. T. Raines, M. McCormick, T. R. van Oosbree, R. C. Mierendorf, *Methods Enzymol.* **2000**, *326*, 363-375.
[39] E. R. LaVallie, E. A. Diblasio-Smith, L. A. Collins-Racie, J. M. McCoy, *Methods Enzymol.* **2000**, *326*, 322-340.

OD_{595} von 0.05 inokuliert. Die Kultivierung der Hauptkulturen erfolgte bis zum Erreichen einer OD_{595} von 0.5-0.8 bei 37 °C. Durch die Zugabe von Isopropyl-β-D-thiogalactopyranosid (IPTG, **92**) wurde die Expression der Fusionsproteine induziert. Beim IPTG (Abbildung 26) handelt es sich um ein nicht abbaubares Strukturanalogon zu Lactose, wodurch der lacZ-Promotor dauerhaft aktiviert wird.

CH₂OH OH O S OH OH **92**

Abbildung 26: Isopropyl-β-D-thiogalactopyranosid (IPTG, **92**)

Die ersten Expressionsstudien wurden unter folgenden Bedingungen durchgeführt: 25 °C, 20 h, 0.1 mM IPTG, 160 rpm. Nach Ernten der Zellen wurden diese mittels French Press oder Ultraschall aufgeschlossen und anschließend die Gesamtproteinkonzentration im Lysat nach BRADFORD bestimmt.[40]

Tabelle 3: Expressionsparameter und erhaltene Gesamtproteinkonzentration nach BRADFORD für die verschiedenen getesteten Expressionskonstrukte; Expressionsbedingungen: 25 °C, 20 h, 0.1 mM IPTG, 160 rpm.

Ansatz	Konstrukt	OD_{595} bei Induktion	m_{Pellet} [g]	Gesamtprotein-konzentration nach BRADFORD c [µg/mL]
1*	pET28a(+)_AmbDH3	0.830	0.85	2436.0
2	pET32a(+)_AmbDH3	0.671	0.48	712.4
3	pGEX-6P-1_AmbDH3	0.457	0.53	385.6
4*	pET28a(+)_Amb6	0.870	0.82	2744.3
5	pET32a(+)_Amb6	0.802	0.62	1648.0
6	pGEX-6P-1_Amb6	0.748	0.49	481.2
7	pET28a(+)_AmbM	0.696	0.42	212.4
8	pET32a(+)_AmbM	0.577	0.47	263.6
9	pGEX-6P-1_AmbM	0.833	0.47	2939.2

[40] M. Bradford, *Anal. Biochem.* **1976**, *72*, 248-254.

*Hauptkulturen mit 50 mL LB-Medium und Zellaufschluss mittels French Press, bei den anderen Einträgen wurden 20 mL LB-Medium für die Hauptkulturen verwendet und der Zellaufschluss erfolgte mittels Ultraschall.

Aus Tabelle 3 ist zu erkennen, dass die besten Ergebnisse bezüglich der Masse des Pellets nach der Zellernte und der Gesamtproteinkonzentration des Lysats nach Zellaufschluss bei pET28a(+)_AmbDH3 und pET28a(+)_Amb6 erreicht werden konnten. Des Weiteren konnten moderate Ergebnisse bezüglich der Gesamtproteinkonzentration bei pET32a(+)_Amb6 und pGEX-6P-1_AmbM erhalten werden. Die anderen eingesetzten Konstrukte lieferten lediglich Gesamtproteinkonzentrationen zwischen 200-500 µg/mL. Dies lässt den Rückschluss zu, dass die Gesamtproteinkonzentration grob mit der Pelletmasse korreliert. Bei Verringerung der Volumina der Hauptkulturen ist immer eine Verringerung der Zellpelletmasse zu beobachten. Eine Korrelation zwischen der optischen Dichte der Hauptkultur bei der Induktion mit IPTG, mit der Zellpelletmasse oder der Gesamtproteinkonzentration, ist nicht zu erkennen.

Nach dem Zellaufschluss mittels French Press oder Ultraschall wurden die Proteinzusammensetzungen der erhaltenden Zellpellets sowie der Zelllysate der verwendeten Konstrukte durch SDS-PAGE analysiert. Bei allen in dieser Arbeit durchgeführten SDS-PAGE wurden 5 %ige Sammelgele und 10 %ige Trenngele eingesetzt. Als Größenstandard wurden je 6 µL Marker verwendet. Zur Analyse der Zusammensetzung des Zelllysats und des Zellpellets wurden die Proben nicht nach gleicher Proteinkonzentration, sondern nach gleichen Volumina (10 µL) aufgetragen. Die Färbung der Gele erfolgte jeweils mittels Coomassie-Brilliant-Blue.

Bei der Expression von AmbDH3 im pET28a(+)-Vektor konnte eine Bande von der Größe des gewünschten His_6-Fusionproteins (ca. 34 kDa) im Zelllysat detektiert werden (Abbildung 27, 1L). Die Ausbildung der Doppelbande bei ca. 34 kDa könnte auf die Bildung eines Gluconsäure-Histidin-Adduktes zurückzuführen sein. Im Zellpellet hingegen ist keine Bande von der Größe des Zielproteins erkennbar. Diese Beobachtung lässt den Rückschluss zu, dass die gewählten Expressionsbedingungen geeignet für AmbDH3 im pET28a(+)-Vektor sind. Neben dem pET28a(+)-Vektor wurden, wie erwähnt, vergleichend die Expression im pET32a(+)- und im pGEX-6P-1-Vektor bei gleichen Expressionsbedingungen untersucht.

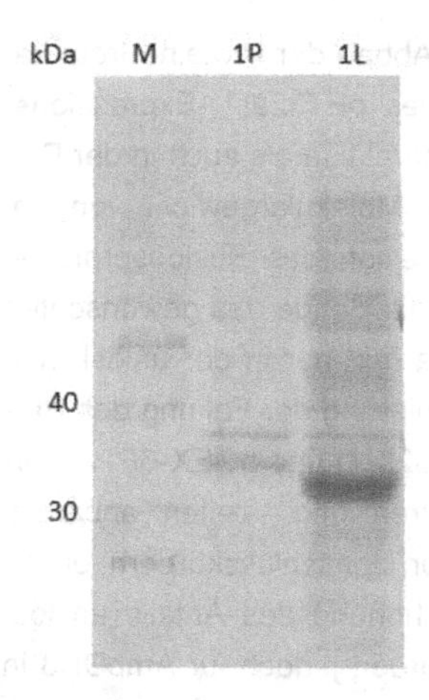

Abbildung 27: SDS-PAGE der Expression von AmbDH3_pET28a(+) (1) direkt nach Zellaufschluss; Expressionsbedingungen: 25 °C, 20 h, 0.1 mM IPTG, 160 rpm; M: *Unstained Protein Ladder* (Firma *Fermentas*); P: Pelletprobe; L: Lysatprobe.

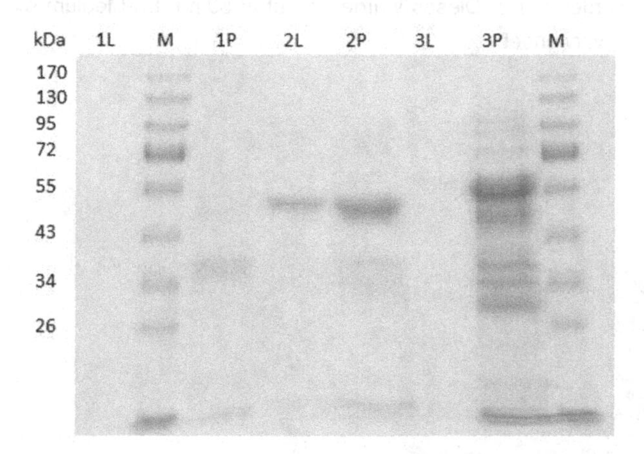

Abbildung 28: SDS-PAGE der Expression von AmbDH3 in unterschiedlichen Expressionsvektoren direkt (Expression in pET32b(+) und pGEX-6P-1) oder zwei Wochen (Expression in pET28a(+)) nach Zellaufschluss; Expressionsbedingungen: 25 °C, 20 h, 0.1 mM IPTG, 160 rpm; M: *Prestained Protein Ladder* (Firma *Fermentas*); L: Lysatprobe; P: Pelletprobe; 1: AmbDH3_pET28a; 2: AmbDH3_pET32a(+); 3: AmbDH3_pGEX-6P-1.

Abbildung 28 zeigt die SDS-PAGE der Expression von AmbDH3 in den unterschiedlichen Expressionssystemen. In den Fraktionen von pET28a(+)_AmbDH3 sind keine Banden mehr (1L und 1P), trotz Aufkonzentrierung der Lysat-Probe, zu erkennen. Dies lässt vermuten, dass nach zwei Wochen ein Abbau der Proteine trotz Lagerung bei 4 °C stattgefunden hat. Bei Verwendung des pET32a(+)-Expressionsvektors (Abbildung 28, 2L und 2P) ist sowohl in der Lysatfraktion als auch in der Pelletfraktion das gewünschte Fusionsprotein mit einem Molekulargewicht von ca. 50 kDa detektierbar. Auffällig ist hier die starke Expression des Fusionsproteins. Beim Einsatz des pGEX-6P-1 Expressionsvektors kann die Bande des gewünschten Zielproteins mit einem Molekulargewicht von ca. 59 kDa fast nur in der unlöslichen Fraktion (Abbildung 28, 3P) detektiert werden. Zur Optimierung der Faltung des Proteins bei der Verwendung der Expressionsvektoren pET32a(+) und pGEX-6P-1, würde sich eine Erniedrigung der Expressionstemperaturen und –zeiten anbieten. Dadurch könnte eine Reduzierung der Formierung von Einschlusskörpern erzielt werden und somit das Zielprotein löslich bzw. eine Erhöhung des Anteils an löslichem Protein erreicht werden. Optimierungsstudien wurden jedoch für AmbDH3 in den verschiedenen Expressionsvektoren in dieser Arbeit nicht durchgeführt. Für weitere Studien mit der Dehydratase wurde das N-terminale His_6-Fusionsprotein AmbDH3 gewählt, da hierbei das Zielprotein ausschließlich im Zelllysat vorliegt und der Tag nicht entfernt werden muss. Dieses wurde erneut in 50 mL LB-Medium exprimiert und sofort weiter verwendet.

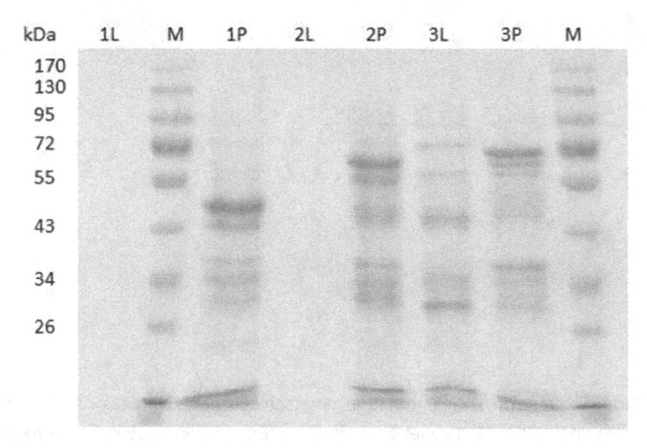

Abbildung 29: SDS-PAGE der Expression von AmbM in unterschiedlichen Expressionsvektoren direkt nach Zellaufschluss mittels Ultraschall; Expressionsbedingungen: 25 °C, 20 h, 0.1 mM IPTG, 160 rpm; M: *Prestained Protein Ladder* (Firma *Fermentas*); L: Lysatprobe; P: Pelletprobe; 1: AmbM_pET28a(+); 2: AmbM_pET32a(+); 3: AmbM_pGEX-6P-1.

Die Expressionsstudien mit der *C*-Methyltransferase AmbM wurden durchgeführt, um das Aufreingigungsproblem, welches bei der Expression als N-terminales His_6-

Fusionsprotein auftrat, zu lösen. Zur Ermittlung eines geeigneten Expressionssystems wurden verschiedene Konstrukte untersucht. Die SDS-PAGE in Abbildung 29 zeigt, dass bei der Expression von AmbM im pET28a(+)-Expressionsvektor (1L und 1P) das Zielprotein mit einem Molekulargewicht von ca. 47 kDa am stärksten exprimiert wird, aber unlöslich im Zellpellet vorliegt. Bei der Verwendung der Expressionsvektoren pET32a(+) (2L und 2P) und pGEX-6P-1 (3L und 3P) ist das gewünschte Zielprotein mit einem Molekulargewicht von ca. 64 kDa bzw. 73 kDa ebenfalls in der Zellpelletfraktion detektierbar.

Um sich später dem Problem der Reinigung stellen zu können, müssen zunächst Expressionsbedingungen ermittelt werden, die zum löslichen Zielprotein führen. Um ein lösliches Zielprotein zu erhalten, kann beispielsweise versucht werden durch Temperaturerniedrigung die Expression der Proteine zu verlangsamen und die Bildung von Proteinaggregaten zu unterdrücken. Weiterhin kann die Expressionsdauer variiert werden. Um trotz niedriger Expressionstemperaturen moderate Proteingesamtkonzentrationen zu erreichen, bietet sich die Kombination aus niedrigen Expressionstemperaturen mit längeren Expressionszeiten an. Zusätzlich kann Glucose als Additiv verwendet werden. Weitere Optimierungsmöglichkeiten bieten die Coexpression mit Chaperonen zur Verbesserung der korrekten Faltung der Proteine, die Variation der optischen Dichte bei Induktion und die Variation der IPTG-Konzentration.

Die Optimierung der Expressionsbedingungen für AmbM in den verschiedenen Expressionsvektoren konnte aufgrund von Zeitmangel in dieser Arbeit nicht durchgeführt werden.

Bei den Expressionsstudien zu dem hypothetischen Protein Amb6 konnte ebenfalls wie beim AmbM das Zielprotein nur im Zellpellet detektiert werden (Abbildung 30). Hierbei ist auffällig, dass die Verwendung des pGEX-6P-1 Expressionsvektors bei den gewählten Bedingungen zu keiner Expression des Zielproteins mit einem theoretischen Molekulargewicht von ca. 79 kDa führt. Bei der Verwendung der Expressionsvektoren pET28a(+) und pET32a(+) können die dem Zielprotein entsprechenden Banden in den Zellpelletproben bei 54 und 71 kDa auf der SDS-PAGE detektiert werden. In beiden Fraktionen stellt das jeweilige Zielprotein auch gleichzeitig das am stärksten exprimierte Protein dar.

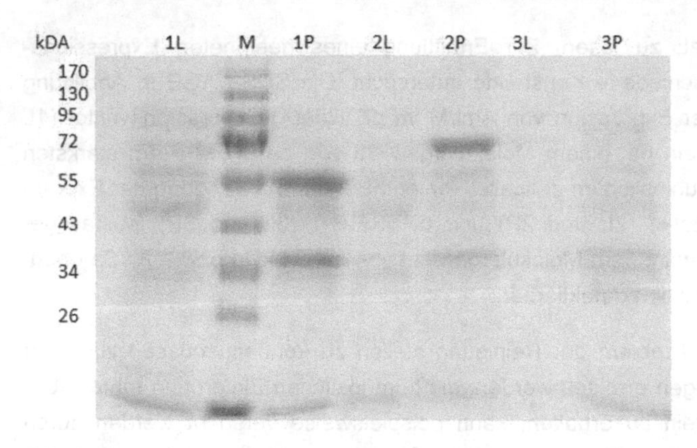

Abbildung 30: SDS-PAGE der Expression von Amb6 in unterschiedlichen Expressionsvektoren direkt (Expression in pET32b(+) und pGEX-6P-1) oder zwei Wochen (Expression in pET28a(+)) nach Zellaufschluss; Expressionsbedingungen: 25 °C, 20 h, 0.1 mM IPTG, 160 rpm; M: *Prestained Protein Ladder* (Firma *Fermentas*); L: Lysatprobe; P: Pelletprobe; 1: Amb6_pET28a; 2: Amb6_pET32a(+); 3: Amb6_pGEX-6P-1.

Um ein lösliches Protein zu erhaltenen wurden erste Optimierungsversuche mit Amb6 im pET28a(+)-Vektor durchgeführt. Hierbei wurde der Einfluss der Expressionstemperatur auf die Ausbildung von Proteinaggregaten untersucht. Die Expressionstemperatur wurde von 25 °C auf 17 °C erniedrigt. Diese Erniedrigung hat eine geringere Produktionsrate und damit einhergehend eine geringe Anzahl zu faltender Proteinen zur Folge. Nach Zellernte erfolgte der Zellaufschluss mittels French Press.

Tabelle 4: Expressionsparameter und erhaltene Gesamtproteinkonzentration nach BRADFORD für die Expression von Amb6 im pET28a(+)-Vektor bei 17 °C; Expressionsbedingungen: 17 °C, 20 h, 0.1 mM IPTG, 160 rpm.

Ansatz	**Konstrukt**	**OD_{595} bei Induktion**	**m_{Pellet} [g]**	**Gesamtprotein-konzentration nach BRADFORD c [µg/mL]**
1	Amb6_pET28a(+) 1. Hauptkultur	1.26	0.62	2408.0
2	Amb6_pET28a(+) 2. Hauptkultur	1.28	0.67	2768.0

Der Vergleich der zwei getesteten Expressionsbedingungen zeigt, dass nach der Zellernte bei einer Expressionstemperatur von 17 °C ein um ca. 150 mg kleineres Zellpellet erhalten wird, als bei den Expressionsstudien bei 25 °C (Vergleich Tabelle 3 und Tabelle 4). Dies ist auf die geringere Produktionsrate der Proteine bei niedrigeren Expressionstemperaturen zurückzuführen. Ein Einfluss der Expressionstemperatur auf die Gesamtproteinkonzentration im Zelllysat konnte nicht festgestellt werden. Zur genaueren Analyse der Zusammensetzung der exprimierten Proteine im Zelllysat und im Zellpellet wurden diese mittels SDS-PAGE aufgetrennt und analysiert.

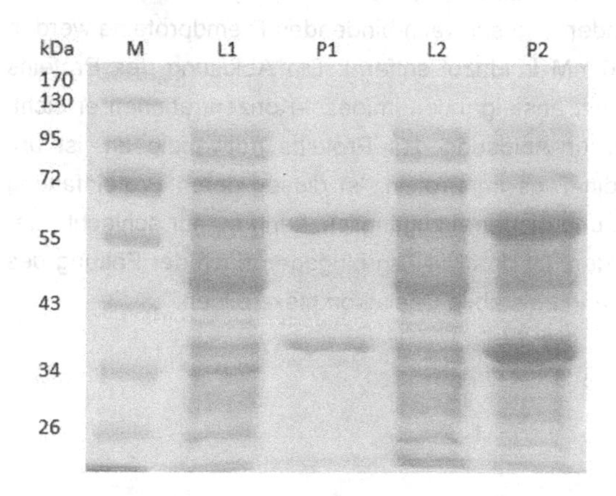

Abbildung 31: SDS-PAGE der Expression von Amb6_pET28a(+) direkt nach Zellaufschluss mittels French Press; Expressionsbedingungen: 17 °C, 20 h, 0.1 mM IPTG, 160 rpm; M: *Prestained Protein Ladder* (Firma *Fermentas*); L: Lysatprobe; P: Pelletprobe; 1: 1. Hauptkultur; 2: 2. Hauptkultur.

Die SDS-PAGE in Abbildung 31 zeigt, dass durch die Erniedrigung der Expressionstemperatur von 25 °C auf 17 °C ein geringer Teil des Zielproteins mit einem Molekulargewicht von 54 kDa in der löslichen Fraktion vorliegt (Abbildung 31, L1 und L2). Auffällig ist, dass die Zellpelletfraktionen je noch eine weitere ausgeprägte Bande bei ca. 38 kDa zeigen. Hierbei könnte es sich um ein Abbruchfragment handeln, welches als unlösliches Nebenprodukt bei der Expression entstanden ist. Die Erniedrigung der Expressionstemperatur konnte teilweise zum gewünschten Ergebnis führen. So sind Teile des Zielproteins im Zelllysat zu finden. Um die Expression des Zielproteins noch weiter auf Seite des Zelllysats zu verlagern, sind noch weitere Optimierungsstudien notwendig (s. Kapitel 4.2).

3.2.3 Reinigung und Isolierung des N-terminalen His_6-Fusionsproteins AmbDH3

Die Expressionsstudien zeigten, dass bei der Expression von AmbDH3 in pET28a(+)- und im pET32a(+)-Vektor das Protein in der löslichen Zellfraktion erhalten wird. Die weiteren Arbeiten wurden ausschließlich mit dem N-terminalen His_6-Fusionsprotein AmbDH3 durchgeführt, da die Reinigung mittels nativer Nickel-Affinitätschromatographie möglich ist. Vorteilhaft ist hierbei, dass das His-Tag aufgrund der kleinen Größe nicht nach der Reinigung durch einen Proteaseverdau abgespalten werden muss.

Die Nickel-Affinitätschromatographie beruht auf der Bildung von Chelatkomplexen zwischen den Ni^{2+}-Kationen auf der aus Nitriloessigsäure bestehenden stationären Matrix und dem Imidazol vom Histidin. Zur Reinigung wird das Lysat über die Nickelsäule gegeben. Alle nicht bindenden und schwach-bindenden Fremdproteine werden durch eine Waschlösung mit 20 mM Imidazol entfernt. Die Ablösung des Proteins wird kompetitiv durch Waschen mit ansteigenden Imidazol-Konzentrationen erreicht. Welche Imidazol-Konzentration zur Ablösung des Proteins notwendig ist, ist abhängig von der Lage des Histidin-Tags im Protein. Ist dieses durch Proteinfaltung bedingt im Inneren des Proteins und nicht frei zugänglich, kann es nur schlecht oder gar nicht Chelatkomplexe ausbilden. Ist das His-Tag hingegen nach der Faltung des Proteins nach außen gerichtet, kann es stabile Chelatkomplexe bilden.

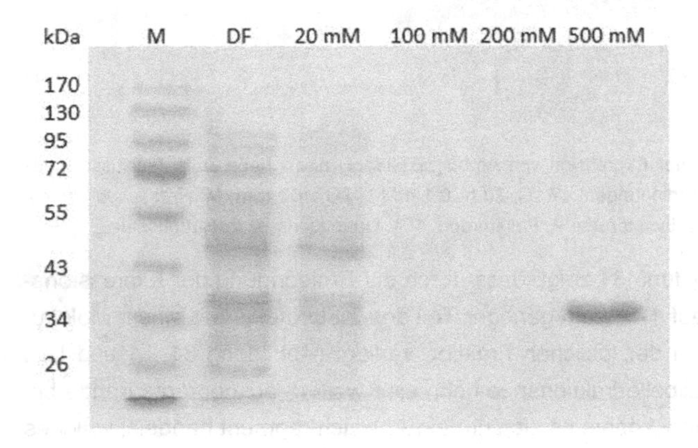

Abbildung 32: SDS-Page Analyse nach nativer Nickel-Affinitätschromatographie; M : *Prestained Protein Ladder* (Firma *Fermentas*); DF: Säulendurchlauf; 20 mM: Elution mit 20 mM Imidazol; 100 mM: Elution mit 100 mM Imidazol; 200 mM: Elution mit 200 mM Imidazol; 500 mM: Elution mit 500 mM Imidazol.[41]

Die SDS-PAGE (Abbildung 32) zeigt bei der Elution mit 500 mM Imidazol ausschließlich das gewünschte Zielprotein mit einem Molekulargewicht von etwa ca.

[41] G. Berkhan, F. Hahn, Angew. Chem. Int. Ed. 2014, DOI: 10.1002/anie.201407979

34 kDa. Die für die Elution notwendige hohe Konzentration an Imidazol lässt darauf schließen, dass das His-Tag sehr effektiv an das Säulenmaterial bindet und wahrscheinlich mehrere native Histidine zur Bindung beitragen.

Das gereinigte Protein wurde nach Aufkonzentrierung (Proteinkonzentration: 2.1 mg/mL) und Entsalzung in den Enzymassays eingesetzt.

3.2.4 Enzymatische Umsetzung des N-terminalen His_6-Fusionsproteins AmbDH3

Durch enzymatische Untersuchungen sollte die Aktivität der durch native Nickel-Affinitätschromatographie gereinigten Dehydratase AmbDH3 studiert werden. Für die Enzymassays wurden die beiden zuvor synthetisierten Testsubstrate **53** und **81** eingesetzt. Mit **81** sollte die Dehydratase-Aktivität hin zur Bildung des α,β-ungesättigten Substrats **93** geprüft werden. **53** könnte ein potentieller direkter Vorläufer der THP-Ringbildung in Modul 3 sein. Substrat **53** und das nach möglicher THP-Ringbildung entstandene Produkt **79** weisen dieselbe molekulare Masse auf. Eine grobe Abschätzung bezüglich dessen Bildung in den Assays sollte allerdings anhand der Retentionszeiten möglich sein. Substrat **53** trägt eine freie Hydroxy-Gruppe, ist somit polarer als **79** und sollte also auch kürzere Retentionszeiten haben. Da eine Dehydratase gleichzeitig eine Hydratasefunktion hat, ist zu erwarten, dass **53** mit der hydratisierten Form **52** im Gleichgewicht steht (Schema 30). Beide Formen könnten theoretisch auch als Vorläufer einer Zyklisierung dienen.

Schema 30: Erwartete Ergebnisse der Inkubation der hergestellten Substratmoleküle mit AmbDH3.

AmbDH3 wurde mit den jeweiligen Substraten (Proteinkonzentration: 2.1 mg/mL, Substratkonzentration: 10 mM) in HEPES Puffer bei 37 °C über Nacht inkubiert, mit EtOAc extrahiert und anschließend per UPLC/MS vermessen. Als Kontrollreaktionen wurden die reinen Testsubstrate bzw. das reine Enzym unter den gleichen Bedingungen inkubiert und ausgewertet. In Tabelle 5 sind die berechneten und gefundenen Massen der Testsubstrate und der potentiellen Produkte zusammengefasst

In Abbildung 33 und Abbildung 34 sind die wichtigsten Ausschnitte aus den UPLC/MS Messungen zur Verdeutlichung der Ergebnisse dargestellt.

Tabelle 5: Berechnete und gefundene Massen der eingesetzten Substrate und der potentiellen Produkte.

	M [g/mol]	**$[M+Na]^+$ [g/mol] berechnet / gefunden**	**$[M+H]^+$ [g/mol] berechnet / gefunden**
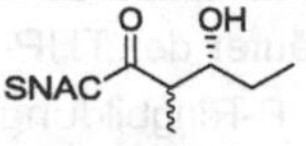 **81**	233.1086	256.0983 / 256.0844	234.1164 / 234.0954
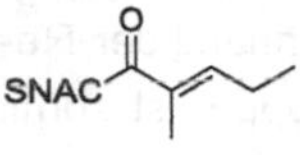 **93**	215.0980	238.0877 / -	216.1058 / 216.1085
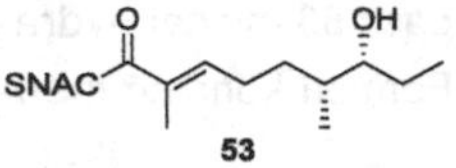 **53**	301.1712	324.1609 / 324.1604	302.1790 / 302.1788
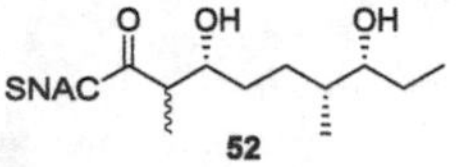 **52**	319.1817	342.1714 / 342.1693	320.1790 / -
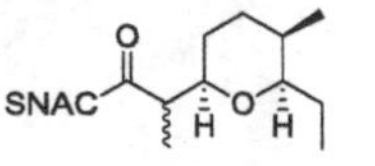 **79**	301.1712	324.1609 / 324.1604	302.1790 / 302.1788

Die Ergebnisse der Enzymaktivitätstest in Abbildung 33 zeigen, dass bei den gewählten Bedingungen sowohl eine Dehydratisierung bei der Inkubation von Testsubstrat **81** ohne (Abbildung 33, C) als auch mit AmbDH3 (Abbildung 33, E) stattfindet. Die Wahl der Enzymassay-Bedingungen erfolgte auf Basis einer Veröffentlichung von VERGNOLLE *et al.*.[21] In den Studien wurden isolierte Dehydratasen aus dem Borrelidin-Biosyntheseweg mit vergleichbaren Modellsubstraten umgesetzt. Hierbei konnte keine spontane Dehydratisierung beobachtet werden. Die spontan auftretende Dehydratisierung bei Umsetzung von **81**, könnte auf einen zu basischen pH-Wert des Puffersystems hinweisen. Da aber nach Zusatz von AmbDH3 die Intensität der dehydratisierten Verbindung um den Faktor fünf ansteigt, kann davon ausgegangen werden, dass das exprimierte Enzym DH-Aktivität besitzt. Des Weiteren ist es aufgrund der detektierten Masse wahrscheinlich, dass **81** zur α,β-ungesättigten Verbindung **93** umgesetzt wurde. Da bei der Vermessung der Assay-produkte die Massenspuren beider Ionen gefunden wurden, kann angenommen werden, dass sich die Reaktion im Gleichgewicht befindet.

Die Ergebnisse der enzymatischen Untersuchung von **53** in Abbildung 34 zeigen, dass bei der Inkubation mit (Abbildung 34, C) und ohne AmbDH3 (Abbildung 34, E) jeweils eine Hydratisierung der α,β-ungesättigten Verbindung detektierbar ist. Durch Zusatz von AmbDH3 nimmt die Intensität des entsprechenden Peaks des hydratisierten Produkts um etwa den Faktor fünf zu. Da sowohl die dehydratisierte als auch das hydratisierte Verbindung nach Umsetzung mit AmbDH3 detektierbar sind, kann davon ausgegangen werden, dass es sich um eine Gleichgewichtsreaktion handelt. Weiterhin zeigt dieses Ergebnis, dass AmbDH3 nicht nur als Dehydratase sondern auch als Hydratase fungiert. Aufgrund der detektierten Massen ist es wahrscheinlich, dass durch die Hydratisierung Testsubstrat **53** in **52** überführt wird.

Die Massenspuren der Umsetzung von **53** ohne AmbDH3 zeigen zwei intensive Peaks mit der gleichen Masse, aber unterschiedlichen Retentionszeiten (Abbildung 34, B). Durch dieses Ergebnis ist es nicht möglich eine spontan ablaufende Zyklisierung bei den gegebenen Bedingungen zu **79** auszuschließen. Hierzu müssten Referenzläufe mit der synthetisch hergestellten Verbindung **79** zum Vergleich herangezogen werden.

Des Weiteren kann bei der enzymatischen Umsetzung von **53** die Bildung eines neuen Peaks mit einer Masse von 324.1694 g/mol und einer Retentionszeit von 2.92 min detektiert werden (Abbildung 34, D). Aufgrund der gefundenen Masse und der Retentionszeit kann davon ausgegangen werden, dass es sich um ein unpolareres Isomer der α,β-ungesättigten Verbindung **53** handelt. Ob es sich jedoch hierbei um das zyklisierte Produkt **79** handelt, kann auf Basis dieser Ergebnisse nicht festgelegt werden. Allerdings geben diese Anlass dazu, die These der DH-katalysierten THP-Ringbildung ausgehend von der α,β-ungesättigten Verbindung **53** in Modul 3 aufrecht zu erhalten. Um die erhaltenden Ergebnisse korrekt bewerten zu können und eine Zuordnung zu treffen, müssen entweder, wie bereits erwähnt, Referenzläufe mit der synthetisch hergestellten Verbindung **79** durchgeführt oder die enzymatischen Untersuchungen NMR-spektroskopisch verfolgt werden.

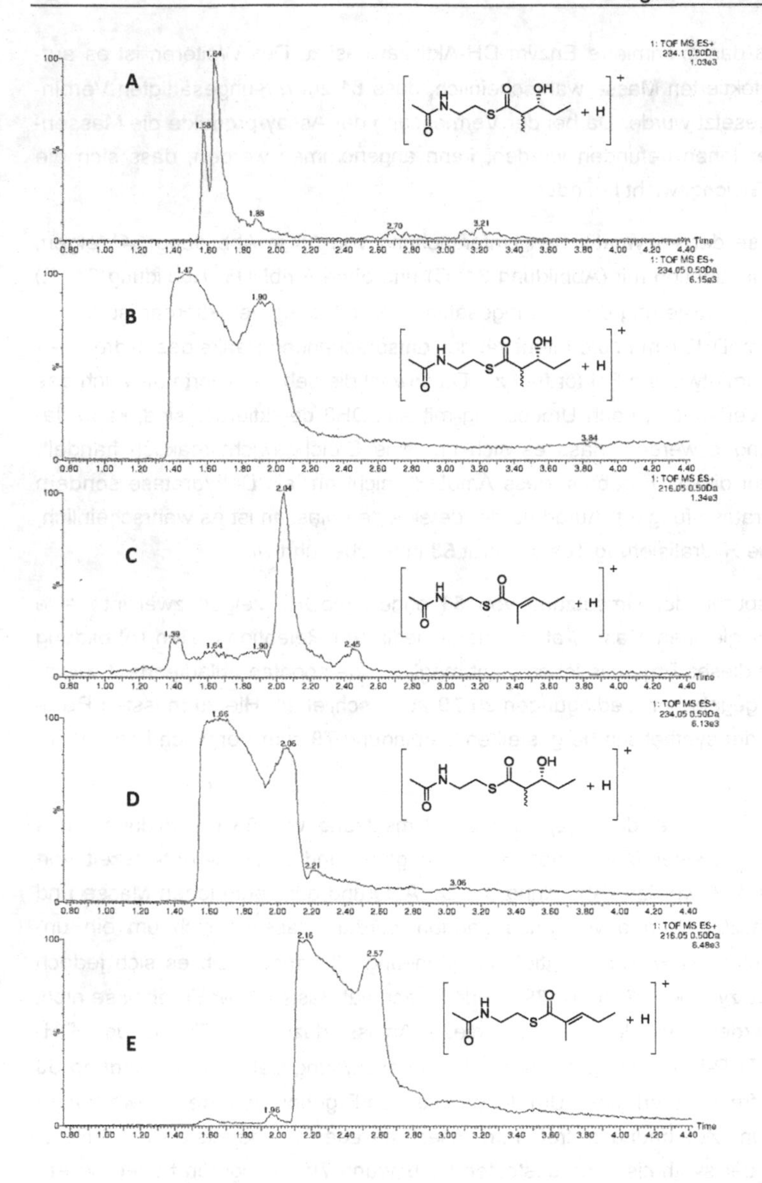

Abbildung 33: UPLC-Chromatogramme des reinen Testsubstrats **81** (A) und nach 16 h Inkubation ohne (B und C) und mit (D und E) AmbDH3; A und B) **81** als $[M+H]^+$-Addukt; C) Dehydratisiertes Produkt **93** als $[M+H]^+$-Addukt; D) **81** als $[M+H]^+$-Addukt; E) Dehydratisiertes Produkt **93** als $[M+H]^+$-Addukt.

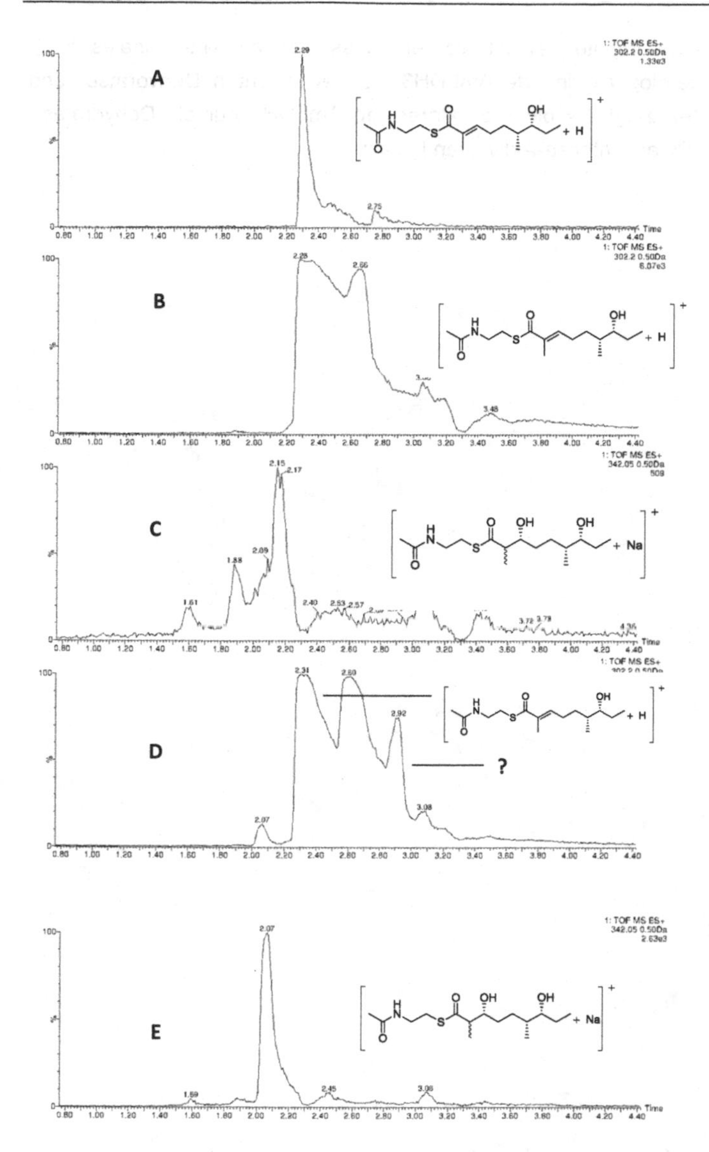

Abbildung 34: UPLC-Chromatogramme des reinen Testsubstrats **53** (A) und nach 16 h Inkubation ohne (B und C) und mit (D und E) AmbDH3; A und B) **53** als $[M+H]^+$-Addukt; C und E) Hydratisiertes Produkt **52** als $[M+Na]^+$-Addukt; D) **53** als $[M+H]^+$-Addukt, es zeigt sich ein zusätzlicher Peak bei 2.92 Minuten. Die entsprechende Verbindung ist hydrophober als Substrat **53** und wird durch die Inkubation mit AmbDH3 gebildet.

In den Enzymassays konnte gezeigt werden, dass das als N-terminales His_6-Fusionsprotein heterolog exprimierte AmbDH3 die gewünschten Dehydratse- und Hydratase-Aktivitäten zeigt. Es bleibt zu klären, ob AmbDH3 nur als Dehydratase fungiert oder auch Pyransynthase-Aktivitäten besitzt.

4 Zusammenfassung und Ausblick

4.1 Zusammenfassung

Die Synthese des Aldehyds **54** konnte erfolgreich in sieben Schritten mit einer Gesamtausbeute von 16 % durchgeführt werden (Schema 31).

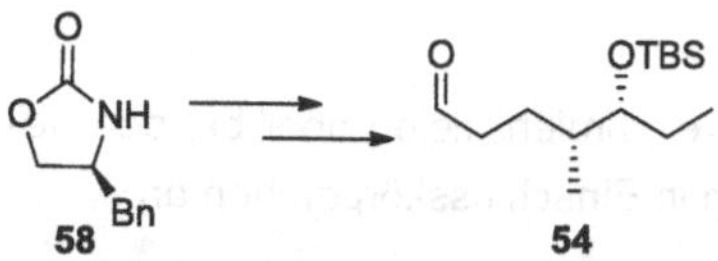

Schema 31: Synthese des Aldehyds **54**.

Ausgehend von Aldehyd **54** wurde das α,β-ungesättigte Testsubstrat **53** via HWE-Reaktion und Entschützung (*E*)-selektiv mit einer Gesamtausbeute von 22 % synthetisiert (Schema 32).

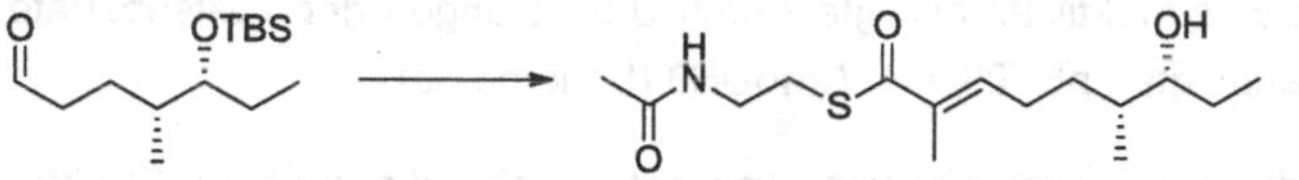

Schema 32: Synthese von Testsubstrat **53** ausgehend von Aldehyd **54**.

Zur Überprüfung der Dehydratasen-Aktivität wurde statt **52**, das synthetisch schneller zugängliche Substrat **81** als Diastereomerengemisch synthetisiert (Abbildung 35).

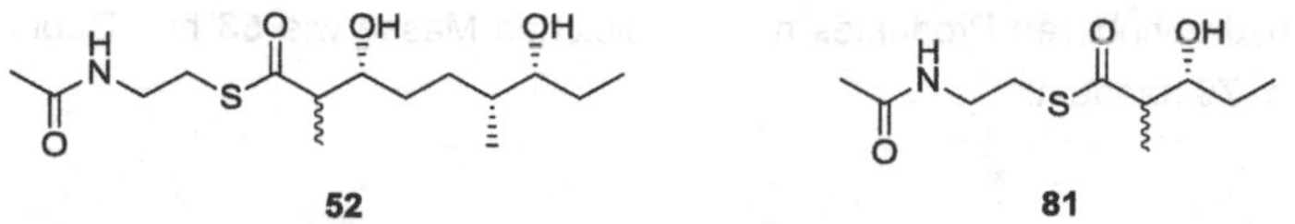

Abbildung 35: Native Struktur des Testsubstrates **52** und vereinfachtes Testsubstrat **81**.

Dieses wurde in drei Stufen und in einer Gesamtausbeute von 16 % ausgehend vom propionierten EVANS-Auxiliar **56** durch eine 3(*R*)-selektive Aldol-Reaktion mit anschließender Verseifung-Thioveresterung erhalten.

Die Dehydratase AmbDH3, das hypothetische Protein Amb6 und die *C*-Methyltransferase AmbM konnten erfolgreich in verschiedene Vektortypen kloniert werden und Studien zur heterologen Expression in *E. coli* BL21(DE3) wurden unternommen.

Im Fall von AmbDH3 zeigten diese, dass pET28a(+)_AmbDH3 sowie pET32a(+)_AmbDH3 bei den gewählten Expressionsbedingungen zu löslichem Protein führen. Für weitere Studien wurde das N-terminale His_6-Fusionsprotein verwendet. Dieses konnte durch native Nickel-Affinitätschromatographie erfolgreich gereinigt werden.

Die AmbM-Fusionsproteine wurde in allen Fällen exprimiert, fielen aber bei den gewählten Expressionsbedingungen jeweils unlöslich in Einschlusskörperchen an

Für Amb6 konnte gezeigt werden, dass das Zielprotein nur bei Verwendung des pET28a(+)- und des pET32a(+)-Vektors exprimiert wird. Jedoch neigen auch diese Proteine zur Ausbildung unlöslicher Proteinaggregate. Erste Optimierungsversuche mit pET28a(+)_Amb6 zeigten, dass eine Erniedrigung der Expressionstemperatur von 25 °C auf 17 °C zur Erhöhung des Proteinanteils im Zelllysat führt.

Die Überprüfung der Enzymaktivität erfolgte durch Umsetzungen der Testsubstrate **53** und **81** mit dem gereinigten pET28a(+)_AmbDH3 (Schema 30).

Beide Substrate wurden zumindest teilweise umgesetzt, wobei die genauen Strukturen der Assayprodukte im Rahmen dieser Arbeit nicht bestimmt werden konnten. Es zeigte sich, dass Substrat **81** durch AmbDH3 dehydratisiert wird. Aufgrund der kanonischen Funktion von PKS-Dehydratasen ist anzunehmen, dass das erwartete Produkt **93** tatsächlich gebildet wurde. **53** wurde hydratisiert, wahrscheinlich zu **52** oder einem seiner Diastereomere. Die Massenspuren deuten weiterhin auf die Bildung eines weiteren, hydrophoberen Produktes mit der gleichen Masse wie **53** hin. Dabei könnte es sich um **79** handeln.

4.2 Ausblick

Da das vereinfachte Testsubstrat **81** von der Dehydratase akzeptiert wurde, ist es notwendig auch die nativen Substrate **94** und **95** zu synthetisieren. Um die Stereochemie der Methyl-Gruppe in α-Position zum Thioester aufklären zu können, müssen sowohl das *anti*- als auch das *syn*-Produkt selektiv erzeugt werden.

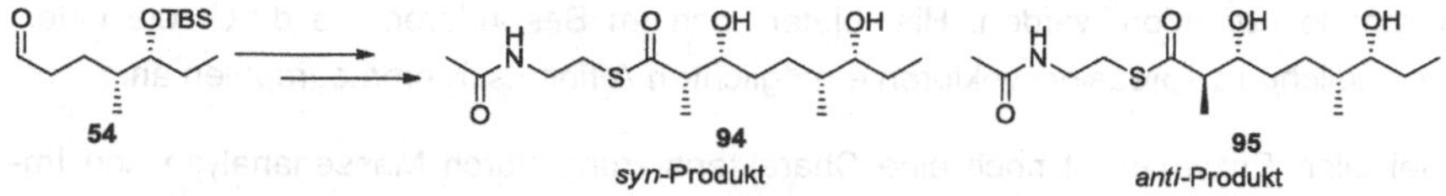

Schema 33: Synthese der Testsubstrate **94** und **95** ausgehend von Aldehyd **46**.

Die Synthese könnte, wie in Schema 33 gezeigt, ausgehend vom Aldehyd **54** über eine selektive Aldol-Reaktion mit anschließender Verseifung-Thioveresterung-Entschützung verwirklicht werden.

Ein komplementierender Enzymtest wäre die Umsetzung des kompletten Moduls 3 mit seinem potentiellen Vorläufer und die Analyse der gebildeten Produkte. Das hierzu benötigte Substrat **51** könnte ebenfalls ausgehend von Aldehyd **54** über eine PINNICK-Oxidation mit anschließender Thioveresterung-Entschützung realisiert werden (Schema 34). Die potentiellen zyklisierten Produkte könnten synthetisch durch Oxa-MICHAEL-Reaktion von Substrat **53** erhalten werden. Die Klonierung und die Expression des Moduls 3 sind wegen des hohen GC-Gehalts der myxobakteriellen DNA anspruchsvoll. Zur Klonierung müssten wahrscheinlich kleinerer Fragmente per PCR amplifiziert und anschließend assembliert werden. Bei der Expression müsste ebenfalls der hohe GC-Gehalt berücksichtigt werden.

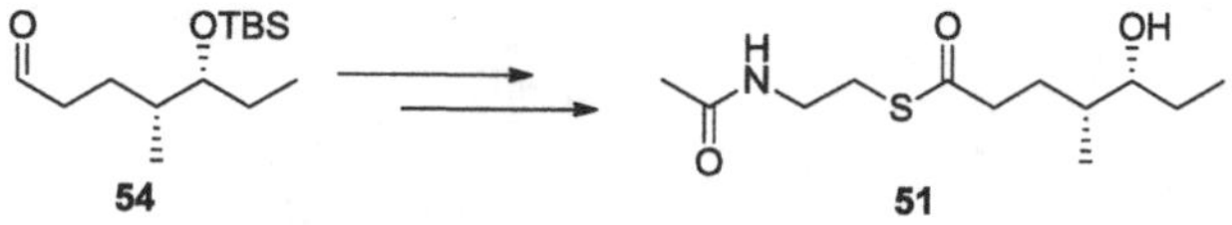

Schema 34: Mögliche Synthese von Produkt **51** ausgehend von Aldehyd **54**.

Des Weiteren gilt es die Expressionsbedingungen von Amb6 und AmbM zu optimieren, um eine bessere Ausbeute an löslichem Protein zu erhalten. Aufgrund der erkennbar guten Expression liegt das Problem wahrscheinlich bei der inkorrekten Faltung der Proteine nach der ribosomalen Biosynthese. Eine sanftere Expression könnte durch Variation der Expressionstemperaturen sowie –zeiten, IPTG-Konzentrationen und der optischen Dichten zum Induktionszeitpunkt erreicht werden. Die Zugabe von Glucose oder Glycerol als Additive bei der Expression oder die Verwendung eines Autoinduktionsmediums könnten ebenfalls einen positiven Effekt haben. Letztlich ist die Coexpression mit Chaperonen noch sehr erfolgversprechend. Bei erfolgreicher Expression löslicher Proteine, muss eine geeignete Reinigungsmethode gefunden werden. Hier bieten sich im Besonderen die durch die unterschiedlichen Expressionsvektoren ermöglichten Affinitätschromatographien an.

Bei allen Enzymen ist noch eine Charakterisierung durch Massenanalyse und Immunblotting (Westernblotting) notwendig.

Weiterhin müssen die Ergebnisse der AmbDH3-Enzymassays verifiziert werden. So müsste die Identität der neu gebildeten Verbindung bei der enzymatischen Umsetzung von **53** durch UPLC/MS-Vergleich zu synthetischen Standards und NMR-Analyse bestätigt werden. Außerdem ist es notwendig den Hintergrund der unerwarteten, spontanen Dehydratisierung während der Referenzexperimente zu eruieren.

5 Biologische Methoden

5.1 Geräte

Tabelle 6: Übersicht der verwendeten Geräte.

Bezeichnung	Firma
Autoklav VX-95	Systec
Zentrifugen	
5417 R Mikrozentrifuge	Eppendorf
Rotortyp: F-45-30-11	
Heraeus Megafuge 16R	Thermo Scientific
Rotortyp: Highconic II	
Qik spin Mikrozentrifuge	Edwards Instruments
SpeedvacConcentrator 5301	Eppendorf
Schüttler	
CH-4103	Infors-AG
Innova 4900 Multi-Tier Evironmental Shaker	New Brunswick Scientific
InnovaTM 4335	New Brunswick Scientific
Thermoblock Thermostat 5320	Eppendorf
Thermomixer Comfort	Eppendorf
pH-Meter Checker	Hanna
Heizblock Blockthermostat TCR 100	Roth
Gelkammer	
Gelkammer Mini PROTEAN Tetra System	Biorad
GelkammerComPhor Mini	Biozym Scientific GmbH
Netzteile	
Power Supply E833	Consort
Power Supply E835	Consort
UV-Tisch KW 312 nm (Transilluminator)	Benda
Photometer UV-1601 PC Spectrophotometer	Shimadzu
Biophotometer	Eppendorf
French Press R 125	American Instrument Company
Ultraschallgerät Sonifier 250	Branson

Thermocycler MJ Research Minicycler PTC-150	Biorad
Thermocycler peqStar	Peqlab
Elisa Reader Mithras LB 940	Berthold Technologies
Vortex-Genie 2	Scientific Industries

5.2 Allgemeine Hinweise

Die zur Herstellung von Puffern, Medien oder Lösungen verwendeten Chemikalien wurden von den Firmen *Carl Roth*, *Fluka*, *Sigma Aldrich* und *Applichem* bezogen. Die in dieser Arbeit verwendeten Enzyme mit den zugehörigen Puffern wurden von der Firma *Fermentas* bezogen.

5.3 Bakterienstämme

In dieser Arbeit wurden die in der Tabelle 7 angebenden Bakterienstämme verwendet.

Tabelle 7: Übersicht der verwendeten Bakterienstämme.

Bakterienstamm	Bezugsquelle
E. coli One Shot® Top 10	Invitrogen
E. coli BL21(DE3)	Novagen

5.4 Desoxyribonukleinsäuren

5.4.1 Synthetische Gene

Die in dieser Arbeit verwendeten synthetischen Gene *ambDH3*, *amb6* und *ambM* wurden im Klonierungsvektor pMK mit Kanamycinresistenz von der Firma *Life Technologies* bezogen. Die Vektorkarten sind im Anhang dieser Arbeit zu finden.

5.4.2 Vektoren und rekombinante Plasmide

Die in dieser Arbeit verwendeten Vektoren und rekombinanten Plasmide sind der Tabelle 8 zu entnehmen.

Tabelle 8: Übersicht der verwendeten rekombinanten Plasmide und Expressionsvektoren.

Plasmide	Antibiotikaresistenz	Bezugsquelle
pMK_AmbDH3	Kanamycin	Sigma Aldrich
pMK_Amb6	Kanamycin	Sigma Aldrich
pET28a(+)	Kanamycin	Novagen
pET-20b(+)	Ampicillin	Novagen
pGEX-6P-1	Ampicillin	GE Healthcare
pET32a(+)	Ampicillin	Novagen

5.4.3 Oligonukleotide

Zur PCR Amplifikation der Gene *amb6*, *ambDH3* und *ambM* wurden Oligonukleotide verwendet, welche von der Firma *Sigma Aldrich* bezogen wurden. Die liophilisierten Primer wurden in ddH_2O gelöst um eine Endkonzentration von 100 µM zu erhalten.

Tabelle 9: Übersicht der verwendeten Oligonukleotidsequenzen.

Bezeichnung	DNA-Sequenz (5‘ → 3‘)
AmbM_pET20b_fw	TATAGAATTCATCTGCTTTGTTCCGGCAC
AmbM_pET20b_bw	TATACTCGAGTAACGATATGCAACAATACC
Amb6_pET20b_fw	TATAGAATTCCAGCGTCGTCTGGATGGTG
Amb6_pET20b_bw	TATACTCGAGTTAACGTGCTTCTGCACCC
AmbDH3_pET20b_fw	TATAGAATTCGAAGCACCGCGTGGTCGTG
AmbDH3_pET20b_fw	TATACTCGAGTTAATCACGTTCACTTGCA

5.5 Medien, Puffer und Nährböden

Alle Medien, Puffer und Nährböden zur Bakterienkultivierung wurden vor Gebrauch bei 121 °C autoklaviert. Nicht autoklavierbare Lösungen wurden sterilfiltriert (Porengröße: 0.22 µm).

5.5.1 Medien und Nährböden

Tabelle 10: Übersicht der verwendeten Medien und Nährböden zur Kultivierung von *E. coli.*

Bezeichnung	Zusammensetzung
LB-Medium	10.0 g/L Trypton
	10.0 g/L NaCl
	5.0 g/L Hefeextrakt
2TY-Medium	16.0 g/L Trypton
	5.0 g/L NaCl
	10.0 g/L Hefeextrakt
LB-Agar	10.0 g/L Trypton
	10.0 g/L NaCl
	5.0 g/L Hefeextrakt
	15.0 g/L Agar
2TY-Agar	16.0 g/L Trypton
	5.0 g/L NaCl
	10.0 g/L Hefeextrakt
	16.0 g/L Agar

5.5.2 Puffer und Lösungen

Tabelle 11: Puffer und Lösungen für die alkalische Lyse.

Bezeichnung	Zusammensetzung
Lösung I	50 mM Tris
	10 mM EDTA
	100 µg/mL RNAse in TE Puffer
	pH 8.0
Lösung II	200 mM NaOH
	1 % (w/v) SDS
Lösung III	3 M KOAc
	pH 5.5

Tabelle 12: Puffer und Lösungen für Agarose-Gelelektrophorese.

Bezeichnung	Zusammensetzung
50 x TAE-Puffer	2 M Tris
	5 mM EDTA
	pH 8.0
6 x Ladepuffer	0.25 % (w/v) Bromphenolblau
	0.25 % (w/v) Xylencyanol FF
	30 % (v/v) Glycerin

Tabelle 13: Kompetenzpuffer.

Bezeichnung	Zusammensetzung
Kompetenzpuffer	50 mM $CaCl_2$
	10 mM KOAc
	pH 6.2

Tabelle 14: Lösungen und Puffer für SDS-PAGE.

Bezeichnung	Zusammensetzung
Lower Tris-Puffer	1.5 M Tris
	4 % (w/v) SDS
	pH 8.8
Upper Tris-Puffer	0.5 M Tris
	4 % (w/v) SDS
	pH 6.8
Ammoniumperoxodisulfat (APS)	10 % (w/v)
Sammelgel (5 %)	6.8 mL ddH_2O
	1.7 mL 30 % Acryl-Bisacrylamid Mix
	1.25 mL *Upper* Tris-Puffer
	0.1 mL 10 % SDS
	0.1 mL 10 % APS
	0.01 mL TEMED
Trenngel (10 %)	19.8 mL ddH_2O
	16.7 mL 30 % Acryl-Bisacrylamid Mix
	12.5 mL *Lower* Tris-Puffer

	0.5 mL 10 % SDS 0.5 mL 10 % APS 0.02 mL TEMED
Probenpuffer	1 x Lämmli-Mix 1 % (w/v) SDS 100 mM DTT
10 x Lämmli-Mix	150 mM Tris (pH 6.8) 6 % (w/v) SDS 30 % (v/v) Glycerin 0.02 % (w/v) Bromphenolblau
50 x Lämmli-Puffer	2 M Tris-Acetat 5 mM EDTA pH 8.0
Färbelösung	25 % (v/v) Isopropanol 10 % (v/v) Essigsäure 1 % (w/v) Coomassie Brilliant Blue R-250
Entfärberlösung	25 % (v/v) Isopropanol 10 % (v/v) Essigsäure

Tabelle 15: Puffer für native Nickel-Affinitätschromatographie.

Bezeichnung	Zusammensetzung
Equilibrierungspuffer	40 mM Tris 100 mM NaCl
Waschpuffer	40 mM Tris 100 mM NaCl 20 mM Imidazol pH 7.8
Elutionspuffer (Stammlösung)	40 mM Tris 100 mM NaCl 1 M Imidazol pH 7.8

Tabelle 16: Puffer für Enzymassays.

Bezeichnung	Zusammensetzung
HEPES Puffer	250 mM HEPES 150 mM NaCl pH 7.5

5.6 Molekularbiologische Methoden

5.6.1 Herstellung chemisch kompetenter E. coli Zellen

Für die Herstellung von chemisch kompetenten *E. coli* Zellen wurden Vorkulturen aus 5 mL 2TY-Medium mit Top 10® bzw. BL21(DE3) Zellen bei 37 °C und 150 rpm über Nacht kultiviert. Anschließend wurden 50 mL vorgewärmtes 2TY-Medium mit je 1 mL der Übernachtkultur inokuliert und bei 37 °C und 180 rpm bis zum Erreichen einer OD_{595} von 0.75 kultiviert. Die Zellen wurden im Anschluss bei 3500 rpm für 10 min bei 4 °C zentrifugiert und das Zellpellet in 50 mL Kompetenzpuffer resuspendiert. Während der einstündigen Inkubationszeit auf Eis wurden die Zellen zweimal invertiert und anschließend bei 3500 rpm für 15 min bei 4 °C zentrifugiert. Der Kompetenzpuffer wurde mit 20 % Glycerin versetzt, das Zellpellet in diesem (5 mL) resuspendiert, die Lösung bei 4 °C zu 100 µL aliquotiert und bei -80 °C gelagert.

5.6.2 Chemische Transformation von Bakterienzellen

5.6.2.1 Transformation von Plasmid-DNA mit chemisch kompetenten E. coli Top 10® Zellen

Zur Transformation von Plasmid-DNA mit chemisch kompetenten *E.coli* Top 10® Zellen wurde 1 µL Plasmid-DNA mit 100 µL chemisch kompetenten Zellen auf Eis vermischt und für 10 min auf Eis inkubiert. Anschließend erfolgte die Transformation durch einen Hitzeschock bei 42 °C für 50 s. Der Transformationsansatz wurde erneut für 10 min auf Eis gelagert, nach der Zugabe von 500 µL 2TY-Medium für 1 h bei 37 °C inkubiert und im Anschluss für 30 s bei 5000 rpm zentrifugiert. 500 µL des Überstandes wurden verworfen, das Zellpellet im restlichen Volumen resuspendiert und auf LB-Agar Platten mit entsprechendem Antibiotikazusatz (50 µg/mL Kanamycin oder Carbenicillin) ausplattiert. Die Inkubation erfolgte bei 37 °C über Nacht.

Die Transformation der Plasmid-DNA nach der Ligation erfolgte nach dem gleichen Verfahren. Jedoch wurde 100 µL der chemisch kompetenten *E. coli* Top 10® Zellen mit dem gesamten Ligationsansatz (10 µL) transformiert.

5.6.3 Isolierung von Plasmid-DNA durch alkalische Lyse

Zur Isolierung von Plasmid-DNA aus *E. coli* Top 10® Zellen wurden 1.5 mL einer Übernachtkultur (37 °C, 155 rpm) für 30 s bei 10000 rpm sedimentiert. Das Zellpellet wurde in 200 µL Lösung I resuspendiert und für 3 min bei Raumtemperatur inkubiert. Anschließend erfolgte die Zugabe von 200 µL Lösung II und nach Vermischung der Lösungen eine Inkubation für 2 min bei Raumtemperatur. Nach Zugabe von 200 µL Lösung III wurde die Lösung vorsichtig invertiert, für 5 min auf Eis inkubiert und anschließend für 3 min bei 13000 rpm zentrifugiert. Der Plasmid-DNA enthaltende Überstand wurde in ein neues 1.5 mL Reaktionsgefäß überführt, mit 500 µL Chloroform versetzt, gut durchmischt und für 5 min bei 13000 rpm zentrifugiert. Die Plasmid-DNA enthaltende obere Phase wurde in ein neues 1.5 mL Reaktionsgefäß überführt, mit 350 µL Isopropanol versetzt und gut durchmischt. Nach Zentrifugation für 20 min bei 13000 rpm und 4 °C wurde das erhaltende Zellpellet mit Ethanol (70 %) gewaschen, in der Speedvac für 20 min bei 45 °C getrocknet, in 40 µL ddH_2O aufgenommen und bei - 20 °C gelagert.

5.6.4 Konzentrationsbestimmung von DNA

Die DNA-Konzentration und –Reinheit wurde durch spektroskopische Analyse mit Hilfe des Biophotometers der Firma *Eppendorf* bestimmt.

5.6.5 Auftrennung von DNA durch Agarose-Gelelektrophorese

Um DNA-Fragmente aufzutrennen wurde Agarose-Gelelektrophorese verwendet. Es wurde ein 1 %iges Agarose-Gel (Agarose in 1 x TAE Puffer) verwendet, welches mit 0.1 % Ethidiumbromid versetzt wurde. Die DNA-Probe wurde vor dem Auftragen mit 6 x Ladepuffer versetzt (1/6 des Gesamtprobenvolumens). Als Größenstandard wurden 6 µL des Markers *GeneRuler 1 kb Plus DNA Ladder* (1 µL Marker, 1 µL 6-fach Ladepuffer und 4 µL ddH_2O) der Firma *Fermentas* aufgetragen. Die Elektrophorese erfolgte bei 110 V für 45 min. Für die anschließende Reinigung der DNA aus den Agarose-Gelen wurde das QIAquick Purification Kit der Firma *Qiagen* verwendet.

5.6.6 Restriktionsverdau von Plasmid-DNA und anschließende Reinigung

Der Restriktionsverdau der in dieser Arbeit verwendeten Expressionsvektoren (pET28a(+), pET20b(+), pET32a(+), pGEX-6P-1) sowie der synthetischen Gene *ambDH3*, *amb6* und *ambM* erfolgte entweder mit den Restriktionsenzymen *EcoR*I und *Nde*I oder *EcoR*I und *Xho*I in einem Reaktionsvolumen von 20 µL. Die Restriktionsverdauansätze wurden für 2 h bei 37 °C und im Anschluss über Nacht bei Raumtemperatur inkubiert. Die Isolierung der hydrolysierten Plasmid-DNA erfolgte mit Hilfe von 1 %iger Agarose-Gelelektrophorese (s. 5.6.5).

Tabelle 17: Pipettierschema für den Restriktionsverdau von Plasmid DNA. Die Restriktionsenzyme *EcoR*I und *Nde*I wurden in Kombination mit Buffer O eingesetzt. Die Restriktionsenzyme *EcoR*I und *Xho*I wurde mit Buffer R kombiniert.

Reagenzien	**Volumen [µL]**
Plasmid-DNA	12
Buffer O oder Buffer R	2
10 u/µL *EcoR*I/*Nde*I oder *EcoR*I/*Xho*I	1/1
Ad 20 µL ddH_2O	

5.6.7 Ligation von DNA-Fragmenten

Die Ligation von linearisierter Plasmid-DNA mit dem jeweiligen geschnittenen Insert erfolgte unter Verwendung von T4-DNA-Ligase in einem Reaktionsvolumen von 10 µL über Nacht bei Raumtemperatur.

Tabelle 18: Pipettierschema für Ligationsansätze.

Reagenzien	Volumen [µL]
Plasmid-DNA	2
DNA-Fragment	6
T4-DNA-Ligase	1
10 x T4-DNA-Ligase Puffer	1

5.7 Polymerasekettenreaktion (PCR)

5.7.1 Amplifikation der synthetischen Gene amb6, ambDH3 und ambM

Die Amplifikation ausgehend von den synthetischen Genen *amb6* und *ambDH3* im pMK-Vektor, sowie dem synthetischen Gen *ambM* im pET28a(+)-Vektor, wurde unter Verwendung selektiver Primer durchgeführt (s. Tabelle 9). Zur Amplifikation wurde die Phusion® High-Fidelity-Polymerase der Firma *Thermo Scientific* mit *proofreading*-Aktivität verwendet. Die allgemeine Zusammensetzung der verschiedenen PCR-Ansätze kann Tabelle 19 entnommen werden.

Tabelle 19: Allgemeiner PCR-Ansatz zur Amplifikation der DNA-Fragmente ausgehende von den synthetischen Genen *ambDH3*, *amb6* und *ambM*.

Reagenzien	Endkonzentration
5-fach Phusion GC Puffer	1-fach
10 mM dNTPs	200 µM
150 - 300 ng/µL DNA	2.5 ng/µL
20 µM Vorwärts Primer	0.5 µM
20 µM Rückwärts Primer	0.5 µM
2 u/µL Phusion® High-Fidelity-Polymerase	0.02 u/µL
Ad 50 µL mit ddH_2O	

Die verschiedenen PCR-Ansätze wurden in einem Thermoblock mit einem jeweils auf das zu amplifizierende Gen angepassten Temperaturprogramm durchgeführt. Die verwendeten Temperaturprogramme sind der nachfolgenden Tabelle 20 zu entnehmen.

Tabelle 20: PCR-Temperaturprogramm zur Amplifikation der synthetischen Gene.

Zyklen	Schritt	Temperatur [°C]	Zeit [s]
	Heizdeckel Vorwärmen	110	
1	Denaturierung	98	20
	Annealing 1	47-53	30
	Elongation	72	30-90
40	Denaturierung	98	20
	Annealing 2	62-67	30
	Elongation	72	30-90
1	Terminale Elongation	72	300

Die Auftrennung der amplifizierten DNA-Fragmente erfolgte anschließend im 1 %igen Agarose-Gel. Zur Reinigung und Isolation wurde das *QIAquick Purification Kit* der Firma *Qiagen* verwendet.

5.7.2 Kolonie-PCR

Die Kolonie-PCR ist eine PCR-Variante, die zur Kontrolle erfolgreicher Ligation verwendet wird. Hierbei wurde anstelle von isolierter Plasmid-DNA eine Kolonie als Templat für die PCR genutzt. Zunächst wurden 23 µL vom Mastermix 1 (Tabelle 21) mit einer Kolonie für 3 min bei RT inkubiert und anschließend für 5 min auf 98 °C erhitzt. Nach Zugabe von 3.25 µL des Mastermix 2 (Tabelle 22) wurde das in Tabelle 20 beschriebene PCR-Temperaturprogramm durchlaufen.

Tabelle 21: Mastermix 1 für Kolonie-PCR

Reagenzien	Volumen [µL]
10 x Green Dream Puffer	2.5
ddH_2O	20.5

Tabelle 22: Mastermix 2 für Kolonie-PCR.

Reagenzien	Volumen [µL]
10 mM dNTPs	1
20 µM Vorwärtsprimer	1
20 µM Rückwärtsprimer	1
DreamTaq Polymerase 5 u/µL	0.25

5.8 Proteinbiochemische Methoden

5.8.1 Heterologe Proteinexpression in E. coli BL21(DE3)-Zellen

Die Überexpression der rekombinanten Proteine erfolgte heterolog in *E. coli* BL21(DE3). Die Transformation erfolgte wie in 5.6.2.1 beschrieben. Nach Selektion auf antibiotikahaltigen Platten wurden 8 mL 2TY-Medium mit Antibiotikazusatz mit einer Einzelkolonie inokuliert und über Nacht bei 37 °C und 160 rpm kultiviert. Ausgehend von den Vorkulturen wurden Hauptkulturen auf eine OD_{595} von 0.05 angeimpft und unter Selektionsdruck (Kanamycin bzw. Carbenicillin 50 µg/mL) bei 37 °C und 160 rpm kultiviert. Durch Zugabe von 0.1 mM IPTG wurde nach Erreichen einer OD_{595} von 0.5-0.9 die Expression induziert und für 20 h bei 25 °C bzw. 17 °C und 160 rpm inkubiert. Die Zellen wurden im Anschluss für 30 min bei 4 °C und 3500 rpm zentrifugiert, der Kulturüberstand sauber abgenommen und das gebildete Zellpellet bei 4 °C gelagert.

5.8.2 Herstellung von Ganzzellextrakten

5.8.2.1 Zellaufschluss durch French Press

Der Zellaufschluss großer Volumina (5–10 mL) erfolgte mittels French Press-Verfahren. Das Zellpellet wurde hierfür in Bindungspuffer resuspendiert (10 mL Bindungspuffer auf 1 g Zellpellet). In zwei Zyklen wurden die Zellen bei 1000 psi aufgeschlossen und im Anschluss 40 min bei 4 °C und 8500 rpm sedimentiert. Das Zelllysat wurde vom Pellet getrennt und Beides für weitere Verwendungen bei 4 °C gelagert.

5.8.2.2 Zellaufschluss mittels Ultraschall

Der Zellaufschluss kleiner Volumina (2-5 mL) erfolgte mittels Ultraschallbehandlung. Das Zellpellet wurde zuvor in Bindungspuffer resuspendiert (10 mL auf 1 g Zellpellet) und anschließend wurden die Zellen unter kontinuierlicher Eiskühlung in sechs Zyklen (1 min Ultraschall, 30 s Pause) aufgeschlossen. Die entstandenen Zelltrümer wurden im Anschluss bei 4 °C und 8500 rpm für 40 min sedimentiert. Das Zelllysat wurde vom Pellet getrennt und Beides bis zur weiteren Verwendung bei 4 °C gelagert.

5.8.3 Bestimmung der Gesamtproteinkonzentration nach BRADFORD

Zur Bestimmung der Gesamtproteinkonzentration wurde die Methode nach BRADFORD verwendet. Hierfür wurde zunächst eine Standard-Verdünnungsreihe (1 µg/mL bis 100 µg/mL) einer BSA-Lösung zur Erstellung der Kalibriergeraden hergestellt. Je

50 µL der verdünnten Proteinproben (1:40) wurden in einer Mikro-titerplatte mit 200 µL Arbeitslösung Roti® Nanoquant der Firma *Carl Roth* versetzt, für 5 min bei Raumtemperatur inkubiert und die Absorption bei 620 nm bestimmt. Anhand der Kalibriergerade wurde die Gesamtproteinkonzentration im Lysat bestimmt.

5.8.4 Natriumdodecylsulfat-Polyacrylamidgelelektrophorese (SDS-PAGE)

Die Auftrennung der Proteine erfolgte mittels SDS-PAGE. Hierbei werden die Proteine nach ihrer Molekülmasse im elektrischen Feld aufgetrennt. Für die SDS-PAGE wurde ein 5 %iges Sammelgel, ein 10 %iges Trenngel und 1x Lämmli-Puffer verwendet. Zur Erstellung des Trenngels wurde die Trenngellösung mit 10 %igen APS und TEMED versetzt und zügig in den Hohlraum zwischen den zwei Glasplatten gegossen. Nach vollständiger Polymerisierung des Trenngels wurde dieses mit der zuvor mit 10 %igen APS und TEMED versetzten Sammelgellösung überschichtet und der Kamm eingesetzt (Zusammensetzung der Trenn- und Sammelgellösungen s. Tabelle 14). Für die Probenvorbereitung zur Analyse des Zelllysats wurden 10 µL Lysat mit 10 µL SDS-Probenpuffer versetzt. Zur Analyse der Proteinzusammensetzung des Zellpellets wurden 10 µL SDS-Probenpuffer und 10 µL 10 x Lämmli-Mix mit einer Pipettenspitze Zellpellet vermischt. Die Proben wurden für 10 min bei 95 °C inkubiert. Als Marker wurden 6 µL der *Prestained Protein Ladder* der Firma *Fermentas* aufgetragen und jeweils 10 µL der Proteinprobe. Die Fokussierung der Proben im Sammelgel erfolgte für 10 min bei 125 V. Die Auf-trennung im Trenngel erfolgte für 50 min bei 175 V. Zur Anfärbung der Gele wurden diese für 1 h mit dem Coomassie Blue Färbereagenz behandelt und im Anschluss mit der Entfärbelösung bis zur gewünschten Farbintensität behandelt.

5.9 Proteinreinigung

5.9.1 Native Nickel-Affinitätschromatographie

Die mit Ni-NTA His® Resin befüllte Filtersäule wurde zunächst zweimal mit 4 mL Equilibrierungspuffer gespült. Im Anschluss wurde das gesamte Zelllysat aufgetragen und die nicht gebundenen Proteine mit 4 mL Waschpuffer abgewaschen. Die noch gebundenen Proteine wurden mit je 4 mL Elutionspuffer ansteigender Imidazolkonzentration (100 mM auf 500 mM) eluiert. Zum vollständigen Ablösen aller Proteine von der Matrix wurde diese erneut mit 4 mL Elutionspuffer (500 mM Imidazol) gespült.

5.9.2 Aufkonzentrierung

Zum Aufkonzentrieren der Lösung, die nach der Nickel Affinitätschromatographie das gewünschte Protein enthielt, wurden *Amicon® Ultra Centrifugal Filter Devices* der Firma *Millipore* verwendet. Die Aufkonzentrierung erfolgte bei 4 g und 4 °C bis zum Erreichen der gewünschten Konzentration.

5.9.3 Entsalzung

Zum Entsalzen, der Protein beinhaltenden Proben nach der Nickel-Affinitätschromatographie, wurden *PD-10 Säulen* der Firma *GE Healthcare* verwendet. Diese wurden zunächst mit 25 mL HEPES Puffer gespült, anschließend wurde die aufkonzentrierte Proteinlösung (1–2.5 mL) und 1 mL HEPES Puffer aufgetragen. Die Elution des Proteins erfolgte mit 3.5 mL HEPES Puffer.

5.10 Enzymassays

Die synthetisierten Substrate wurden in HEPES Puffer gelöst (200 mM Stammlösung) und 10 µL dieser Lösung (Endkonzentration Substrat 10 mM) mit 190 µL des per Affinitätschromatographie gereinigten Lysats (Proteinkonzentration: 2.1 mg/mL) versetzt. Die Enzymassays wurden in einem Gesamtvolumen von 200 µL bei 37 °C und 300 rpm über Nacht durchgeführt. Der Reaktionsansatz wurde dreimal mit je 1 mL EtOAc extrahiert, das Lösungsmittel *in vacuo* entfernt und der Rückstand in 50 µL Isopropanol aufgenommen. Die Analyse der Enzymassays erfolgte mittels UPLC/MS.

6 Chemische Methoden

6.1 Allgemeine Hinweise

Die in den Reaktionen verwendeten Chemikalien wurden bei den Firmen *Acros*, *Sigma-Aldrich*, *Fluka*, *Roth* und *ABCR* erworben und ohne weitere Reinigung verwendet. Wenn anders verfahren wurde, so ist dies in den Versuchsbeschreibungen vermerkt. Die Lösungsmittel Dichlormethan und Diethylether wurden aus einer Lösungsmittel-Trockenanlage der Firma *M. Braun* entnommen. Tetrahydrofuran wurde über Natriumdraht, mit Benzophenon als Indikator, getrocknet. Alle Reaktionen mit luft- oder feuchtigkeitsempfindlichen Substanzen wurden unter Feuchtigkeitsausschluss in ausgeheizten Glasgeräten und unter Argonatmosphäre durchgeführt.

6.2 Analytische Methoden

NMR-Spektroskopie

^{1}H NMR- und ^{13}C NMR-Spektren wurden an den Geräten DPX 200 und DPX 400 der Firma *Bruker* aufgenommen. Als Lösungsmittel wurde deuteriertes Chloroform ($CDCl_3$) verwendet. Die chemischen Verschiebungen δ sind in parts per million (ppm) im Vergleich zum Lösungsmittelsignal angegeben ($CDCl_3$: ^{1}H NMR = 7.26 ppm, ^{13}C NMR = 77.06 ppm). Die Kopplungen *J* sind in Hertz (Hz) angegeben. In den ^{1}H NMR Spektren wurden folgende Abkürzungen für die Multiplizitäten verwendet: s (Singulett), bs (breites Singulett), d (Dublett), dd (doppeltes Dublett), t (Triplett), dt (doppeltes Triplett), q (Quartett), quin. (Quintett), m (Multiplett). Bei den ^{13}C NMR Spektren wurden zur Kennzeichnung der Signale folgende Abkürzungen verwendet: p (primär), s (sekundär), t (tertiär), q (quartär).

Massenspektrometrie

Hochauflösende Massenspektren (HRMS) wurden an einem Micromass LCT mit Lock-Spray Einheit der Firma *Waters* gemessen. Die Injektion der Proben erfolgte im Loop Modus in einer HPLC-Anlage der Firma *Waters* (Alliance 2695, Milford, USA). Alternativ wurden die Messungen mit einem Q-Tof Premier Massenspektrometer (Firma *Waters*) gekoppelt an eine Acquity-UPLC Anlage (Firma *Waters*) aufgenommen. Die Ionisierung erfolgte durch Elektrospray-Ionisation (ESI) oder chemische Ionisation bei Atmosphärendruck (APCI).

Drehwerte

Die Drehwerte [α] wurden bei angegebener Temperatur an einem Polarimeter des Typs 341 der Firma *Perkin-Elmer* in einer 10 cm Quartzglasküvette bei einer Wellenlänge von 589.3 nm (Natrium-D-Linie) gemessen. Die Angabe der Drehwerte erfolgt in $10^{-1} \cdot cm^2\ g^{-1}$, wobei die Konzentration c in 10 mg mL^{-1} angegeben ist.

Dünnschichtchromatographie (DC)

Dünnschichtchromatographie wurde mit Kieselgel beschichteten Aluminiumfolien der Firma *Macherey-Nagel* durchgeführt. Die Indikation erfolgte mit Hilfe von UV-Licht bei einer Wellenlänge von 254 nm sowie mit den Färbereagenzien Kaliumpermanganat, Anisaldehyd und 2,4-Dinitrophenylhydrazin.

Säulenchromatographie

Säulenchromatographie wurde mit Kieselgel der Firma *Merck* (Korngröße: 35-70 µm, Porendurchmesser: 60 Å) unter leichtem Überdruck durchgeführt. Die verwendeten Laufmittelkombinationen sind den jeweiligen Versuchsdurchführungen zu entnehmen.

6.3 Synthese des Testsubstrats 53

(4*S*)-4-Benzyl-3-propionyloxazolidin-2-on (56)

Zu einer auf -78 °C abgekühlten Lösung aus (4*S*)-4-Benzyloxazolidin-2-on (3.0 g, 16.93 mmol, 1.0 Äq.) in trockenem THF (90 mL) wurde *n*-BuLi (2.5 M in Hexan, 7.45 mL, 18.62 mmol, 1.1 Äq.) hinzugegeben und die Lösung 30 min bei -78 °C gerührt. Nach Zugabe von Propionylchlorid (1.7 mL, 18.62 mmol, 1.1 Äq.) wurde die Lösung für weitere 2 h bei -78 °C gerührt. Die Reaktion wurde durch Zugabe von gesättigter NH_4Cl-Lösung (30 mL) beendet und auf Raumtemperatur erwärmt. Die wässrige Phase wurde mit CH_2Cl_2 extrahiert, die vereinigten organischen Phasen mit gesättigter NaCl-Lösung gewaschen, über $MgSO_4$ getrocknet und das Lösungsmittel *in vacuo* entfernt. Säulenchromatographische Reinigung (PE:EtOAc/9:1) ergab das propionierte EVANS Auxiliar **56** als farblosen Feststoff (3.49 g, 14.97 mmol, 88 %).

R$_f$ (PE:EtOAc/9:1): 0.27; **^{1}H NMR** (400 MHz, $CDCl_3$): δ [ppm] = 7.34-7.15 (m, 5H, Bn), 4.69-4.60 (m, 1H, H-4), 4.21-4.11 (m, 2H, H-5), 3.27 (dd, J = 13.3, 3.2 Hz, 1H, $BnCH_2$), 3.01-2.83 (m, 2H, H-2'), 2.74 (dd, J = 13.3, 9.6 Hz, 1H, $BnCH_2$), 1.17 (t, J = 7.3 Hz, 3H, H-3'); **^{13}C NMR** (100 MHz, $CDCl_3$): δ [ppm] = 174.1 (q, C-2), 153.6 (q, C-1'), 135.3 (q, Bn), 129.4 (t, Bn), 128.92 (t, Bn), 127.3(t, Bn), 66.1 (t, C-4), 55.1 (s, $BnCH_2$), 37.8 (s, C-2'), 29.2 (C-2'), 8.3 (p, C-3').

(4*S*)-4-Benzyl-3[(2*S*,3*R*)-(3-hydroxy-2-methylpentanoyl)]oxazolidin-2-on (59)

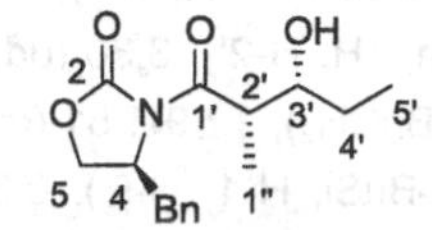

59

(4*S*)-4-Benzyl-3-propionyl-2-oxazolidinon (**56**) (0.5 g, 2.14 mmol, 1.0 Äq.) wurde in trockenem CH_2Cl_2 (4.5 mL) gelöst, auf 0 °C abgekühlt und *n*Bu_2BOTf (1.0 M in CH_2Cl_2, 2.36 mL, 0.236 mmol, 1.1 Äq.) über 15 min hinzugetropft. Nach Zugabe von DIPEA (0.5 mL, 3.00 mmol, 1.4 Äq.) wurde die Lösung 15 min bei 0 °C gerührt, auf -78 °C abgekühlt und Propionaldehyd (0.26 mL, 3.64 mmol, 1.7 Äq.) zugegeben. Nach 2 h wurde die Lösung auf 0 °C erwärmt und die Reaktion durch Zugabe von Phosphatpuffer (pH 7, 7.5 mL) beendet. Nach Zugabe von MeOH (4 mL) wurde ein Gemisch aus MeOH/30%-H_2O_2 (12 mL, 2:1) über 30 min hinzugegeben. Die Lösung wurde 1 h bei 0 °C gerührt. Die wässrige Phase wurde mit CH_2Cl_2 extrahiert, die vereinigten organischen Phasen nacheinander mit gesättigter $NaHCO_3$- und gesättigter NaCl-Lösung gewaschen und über $MgSO_4$ getrocknet. Das Lösungsmittel wurde *in vacuo* entfernt und das Aldolprodukt **59** als gelbes Öl erhalten. Das Produkt wurde ohne weitere Reinigung in der nächsten Stufe eingesetzt.

(4*S*)-4-Benzyl-3-[(2*S*,3*R*)-3-((*tert*-butyldimethylsilyl)oxy)-2-methylpentanoyl]oxazolidin-2-on (67)

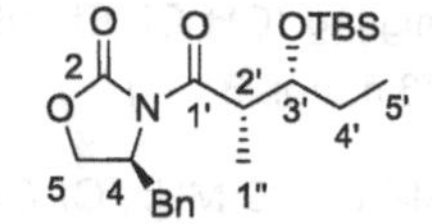

67

Substrat **59** wurde in trockenem CH_2Cl_2 (40 mL) gelöst und auf -78 °C abgekühlt. Nacheinander wurden langsam 2,6-Lutidin (1.25 mL, 10.70 mmol, 5.0 Äq.) und TBSOTf (1.5 mL, 6.42 mmol, 3.0 Äq.) hinzugefügt und die Lösung über Nacht auf

Raumtemperatur erwärmt. Die Reaktion wurde durch Zugabe von NH_4Cl (10 mL) beendet. Die wässrige Phase wurde mit CH_2Cl_2 extrahiert, die vereinigten organischen Phasen mit gesättigter NaCl-Lösung gewaschen und über $MgSO_4$ getrocknet. Das Lösungsmittel wurde *in vacuo* entfernt und das Rohprodukt säulenchromatograpisch (PE:EtOAc/4:1) gereinigt. Das Produkt **67** wurde als farbloser Feststoff erhalten (Ausbeute über 2 Stufen ausgehend von **59**: 0.76 g, 1.87 mmol, 87 %).

R_f (PE:EtOAc/39:1): 0.35; **^{1}H NMR** (400 MHz, $CDCl_3$): δ [ppm] = 7.36 -7.24 (m, 3H, Bn), 7.24-7.20 (m, 2H, Bn), 4.63-4.56 (m, 1H, H-4), 4.19-4.13 (m, 2H, H-5), 3.96 (q, J = 5.7 Hz, 1H, H-3'), 3.92-3.84 (m, 1H, H-2'), 3.30 (dd, J = 13.3, 3.2 Hz, 1H, $BnCH_2$), 2.76 (dd, J = 9.73, 3.58 Hz, 1H, $BnCH_2$), 1.59-1.51 (m, 2H, H-4'), 1.20 (d, J = 6.8 Hz, 3H, H-1''), 0.92-0.85 (m, 15H, *t*-BuSi, H-1, H-5'), 0.03 (s, 3H, MeSi), -0.01 (s, 3H, MeSi); **^{13}C NMR** (100 MHz, $CDCl_3$): δ [ppm] = 175.4 (q, C-2), 153.1 (q, C-1'), 135.4 (q, Bn), 129.50 (t, Bn), 128.9 (t, Bn), 127.4 (t, Bn), 73.8 (t, C-3'), 66.0 (s, C-5), 55.9 (t, C-4), 42.3 (t, C-2'), 37.6 (s, $BnCH_2$), 28.2 (s, C-4'), 25.9 (p, *t*-BuSi), 18.1 (q, *t*-BuSi), 11.5 (p, C-1''), 9.4 (p, C-5'), -4.1 (p, MeSi), -4.8 (p, MeSi).

(2*R*,3*R*)-3-[(*tert*-Butyldimethylsilyl)oxy]-2-methylpentan-1-ol (68)

OTBS
HO 1 2 3 4 5
1'
68

Silylether **67** (3.59 g, 8.85 mmol, 1.0 Äq.) wurde in einer Mischung aus THF (60 mL) und Wasser (16 mL) gelöst und auf 0 °C abgekühlt. Nach Zugabe von $LiBH_4$ (1.16 g, 53.11 mmol, 6.0 Äq.) wurde die Reaktionslösung 4 h bei 0 °C gerührt. Zur Beendigung der Reaktion wurden gesättigte $NaHCO_3$-Lösung (50 mL) und Et_2O (50 mL) hinzugegeben und die Lösung 1 h bei 0 °C gerührt. Die wässrige Phase wurde mit Et_2O extrahiert, die vereinigten organischen Phasen mit gesättigter NaCl-Lösung gewaschen, über $MgSO_4$ getrocknet und das Lösungsmittel *in vacuo* entfernt. Nach säulenchromatographischer Reinigung (CH_2Cl_2:Et_2O/99:1) wurde das Produkt **68** als farbloses Öl erhalten (1.73 g, 7.43 mmol, 84 %).

R_f (CH_2Cl_2:Et_2O/99:1): 0.7; **^{1}H NMR** (400 MHz, $CDCl_3$): δ [ppm] = 3.71-3.65 (m, 2H, H-1), 3.51 (dt, J = 11.3, 5.5 Hz, 1H, H-3), 2.63 (dd, J = 6.5, 3.8 Hz, 1H, OH), 2.01-1.91 (m, 1H, H-2), 1.55-1.47 (m, 2H, H-4), 0.92-0.86 (m, 12H, *t*-BuSi, H-5), 0.80 (d, J = 7.2 Hz, 3H, H-1'), 0.08 (s, 3H, MeSi), 0.06 (s, 3H, MeSi); **^{13}C NMR** (100 MHz,

$CDCl_3$): δ [ppm] = 77.3 (t, C-3), 66.2 (s, C-1), 39.4 (t, C-2), 26.0 (s, *t*-BuSi), 25.3 (s, C-4), 18.2 (q, *t*-BuSi), 11.9 (p, C-1'), 10.9 (p, C-5), -4.2 (p, MeSi), -4.4 (p, MeSi).

(2*R*,3*R*)-3-[(*tert*-Butyldimethylsilyl)oxy]-2-methylpentyl-4-methylbenzolsulfonat (55)

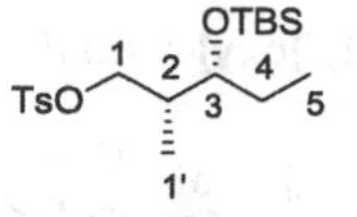

55

Alkohol **68** (90 mg, 0.43 mmol, 1.0 Äq.) wurde in trockenem CH_2Cl_2 (2 mL) gelöst und auf 0 °C abgekühlt. Nach Zugabe von Tosylchlorid (0.2 g, 1.03 mmol, 2.4 Äq.) und Pyridin (0.17 mL, 2.15 mmol, 5.0 Äq.) wurde die Lösung auf Raumtemperatur erwärmt und 72 h bei Raumtemperatur gerührt. Durch Zugabe von gesättigter $NaHCO_3$-Lösung (5 mL) wurde die Reaktion beendet. Die wässrige Phase wurde mit CH_2Cl_2 extrahiert, die vereinigten organischen Phasen über $MgSO_4$ getrocknet, das Lösungsmittel *in vacuo* entfernt und der Rückstand mit Toluol codestilliert. Säulenchromatographische Reinigung (PE:EtOAc/39:1) ergab das Tosylat **55** als farbloses Öl (101 mg, 0.26 mmol, 67 %).

R_f (PE:EtOAc/39:1): 0.37; **^{1}H NMR** (400 MHz, $CDCl_3$): δ [ppm] = 7.78 (d, *J* = 8.4 Hz, 2H, Ts-Aromat), 7.33 (d, *J* = 7.9 Hz, 2H, Ts-Aromat), 4.00 (dd, *J* = 9.3, 6.4 Hz, 1H, H-1), 3.84 (dd, *J* = 9.2, 7.5 Hz, 1H, H-1), 3.59-3.54 (m, 1H, H-3), 2.44 (s, 3H, TsMe), 1.97-1.87 (m, 1H, H-2), 1.49-1.29 (m, 2H, H-4), 0.84-0.75 (m, 15H, *t*-BuSi, H-5, H-1'), 0.00 (s, 3H, MeSi), - 0.06 (s, 3H, MeSi); **^{13}C NMR** (100 MHz, $CDCl_3$): δ [ppm] = 144.8 (q, Ts-Aromat), 133.2 (q, Ts-Aromat), 129.9 (t, Ts-Aromat), 128.1 (t, Ts-Aromat), 73.3 (t, C-3), 73.2 (s, C-1), 37.0 (t, C-2), 26.7 (s, C-4), 25.9 (p, *t*-BuSi), 21.7 (p, TsMe), 18.1 (q, t-BuSi), 10.5 (p, C-1'), 10.2 (p, C-5), -4.1 (p, MeSi), -4.7 (p, MeSi).

***tert*-Butyldimethyl[((3*R*,4*R*)-4-methyloct-7-en-3-yl)oxy]silan (69)**

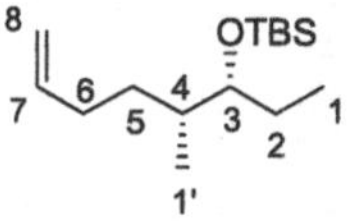

69

Allylmagnesiumbromid (1 M in Et_2O, 2.30 mL, 2.30 mmol, 5.0 Äq.) wurde in trockenem Et_2O (3 mL) vorgelegt. Das in trockenem Et_2O (1 mL) gelöste Tosylat **55** (0.177 g, 0.46 mmol, 1.0 Äq.) wurde langsam zur Lösung hinzugegeben und die Lösung 2.5 h bei 40 °C gerührt. Die Lösung wurde auf 0 °C abgekühlt, die Reaktion durch Zugabe von gesättigter NH_4Cl Lösung (3 mL) und H_2O (3 mL) beendet und 1 h bei 0 °C gerührt. Die wässrige Phase wurde mit Et_2O extrahiert, die vereinigten organischen Phasen über $MgSO_4$ getrocknet und das Lösungsmittel *in vacuo* entfernt. Produkt **69** wurde wie erhalten in der nächsten Stufe eingesetzt.

(4*R*,5*R*)-5-[(*tert*-Butyldimethylsilyl)oxy]-4-methylheptanal (54)

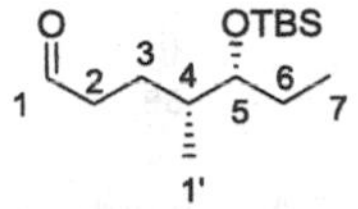

54

Alken **69** (118 mg, 0.46 mmol, 1.0 Äq.) wurde in CH_2Cl_2: Aceton (4:1, 10 mL) gelöst und die Lösung auf -78 °C abgekühlt. Es wurde solange Ozon durch die Lösung geleitet bis eine blaue Färbung bestehen blieb. Durch Zugabe von $(CH_3)_2S$ (0.34 mL, 4.59 mmol, 10 Äq.) wurde die Reaktion beendet. Nach Erwärmen auf Raumtemperatur wurden alle leicht flüchtigen Komponenten *in vacuo* entfernt. Durch säulenchromatographische Reinigung (PE:Et_2O/39:1) konnte Aldehyd **54** als farbloses Öl erhalten werden (Ausbeute über zwei Schritte ausgehend von **55**: 70.8 mg, 0.27 mmol, 60 %).

R_f (PE:Et_2O/39:1): 0.33; $[\alpha]_D^{21}$= + 9.66 (c = 0.9, CH_2Cl_2); **^{1}H NMR** (400 MHz, $CDCl_3$): δ [ppm] = 9.76 (t, J = 1.9 Hz, 1H, H-1), 3.48-3.43 (m, 1H, H-5), 2.52-2.35 (m, 2H, H-2), 1.88-1.77 (m, 1H, H-3), 1.60-1.50 (m, 1H, H-3), 1.48-1.36 (m, 3H, H-4, H-6), 0.90-0.81 (m, 15H, *t*-BuSi, H-7, H-1'), 0.04 (s, 3H, MeSi), 0.02 (s, 3H, MeSi); **^{13}C NMR** (100 MHz, $CDCl_3$): δ [ppm] = 203.1 (t, C-1), 77.1 (t, C-5), 42.5 (t, C-4), 37.2 (s, C-3), 26.1 (s, C-2), 26.0 (p, *t*-BuSi), 25.0 (s, C-6), 18.3 (q, *t*-BuSi), 14.3 (p, C-1'), 10.5 (p, C-7), -4.1 (p, MeSi), -4.3 (p, MeSi); **HRMS** (ESI): m/z für $C_{14}H_{30}O_2Si$ $[M+Na]^+$: berechnet 281.1913, gefunden 281.1976.

(6*R*,7*R*,*E*)-*S*-(2-Acetamidoethyl)-7-[(*tert*-butyldimethylsilyl)oxy]-2,6-dimethylnon-2-enthioat (71)

5" 4" H N 1" 2" S 1 O 2 3 4 5 6 OTBS 7 8 9 2' 1'

71

Das SNAC-Phosphonat **73** (0.297 g, 0.87 mmol, 1.2 Äq.) wurde in trockenem THF (5 mL) vorgelegt und auf 0 °C abgekühlt. Nach Zugabe von DBU (0.24 mL, 1.56 mmol, 3 Äq.) wurde die Lösung 30 min bei 0 °C gerührt. Der Aldehyd **54** (187 mg, 0.73 mmol, 1.0 Äq.) wurde in THF (2 mL) gelöst und langsam hinzugegeben. Nach 48 h wurde die Reaktion durch Zugabe von NH_4Cl (5 mL) beendet. Die organischen Lösungsmittel wurden *in vacuo* entfernt und der wässrige Rückstand mit EtOAc versetzt. Die wässrige Phase wurde mit EtOAc extrahiert, die vereinigten organischen Phasen über Na_2SO_4 getrocknet und die Lösungsmittel *in vacuo* entfernt. Durch säulenchromatographische Reinigung (PE:EtOAc/1:1) wurde das Produkt **71** als farbloses Öl erhalten (120 mg, 0.29 mmol, 40 %).

R_f (PE:EtOAc/1:1): 0.18; $[\alpha]_D^{21}$ = + 16.9 (c = 1, CH_2Cl_2); **^{1}H NMR** (400 MHz, $CDCl_3$): δ [ppm] = 6.73 (dt, J = 7.3, 1.2 Hz, 1H, H-3), 6.14 (bs, 1H, NH), 3.41 (m, 3H, H-2", H-7), 3.03 (t, J = 6.4 Hz, 2H, H-1"), 2.28-2.09 (m, 2H, H-4), 1.93 (s, 3H, H-5"), 1.84 (s, 3H, H-2'), 1.65-1.48 (m, 2H, H-5), 1.45-1.28 (m, 2H, H-8), 1.26-1.15 (m, 1H, H-6), 0.85-0.82 (m, 15H, *t*-BuSi, H-9, H-1'), 0.01 (s, 3H, MeSi), 0.00 (s, 3H, MeSi); **^{13}C NMR** (100 MHz, $CDCl_3$): δ [ppm] = 193.9 (q, C-1), 170.4 (q, C-4"), 142.3 (t, C-3), 135.7 (q, C-2), 77.0 (t, C-7), 39.8 (s, C-2"), 37.3 (s, C-5), 30.9 (t, C-6), 28.3 (s, C-1"), 26.9 (s, C-4), 25.9 (p, *t*-BuSi), 25.8 (s, C-8), 23.2 (p, C-5"), 18.1 (q, *t*-BuSi), 14.4 (p, C-1'), 12.4 (p, C-2'), 10.4 (p, C-9), -4.3 (p, MeSi), -4.4 (p, MeSi); **HRMS** (ESI): m/z für $C_{21}H_{41}NO_3SSi$ $[M+Na]^+$: berechnet 438.2474, gefunden 438.2503.

(6*R*,7*R*,*E*)-*S*-(2-Acetamidoethyl)-7-hydroxy-2,6-dimethylnon-2-enthioat (53)

5" 4" H N 1" 2" S 1 O 2 3 4 5 6 OH 7 8 9 2' 1'

53

TBS-geschütztes Substrat **71** (30 mg, 0.072 mmol, 1.0 Äq.) wurde in einer Lösung aus THF/Ameisensäure/H_2O (6:3:1, 2 mL) gelöst und über Nacht bei Raumtemperatur gerührt. Die Reaktionslösung wurde mit gesättigter $NaHCO_3$-Lösung neutralisiert, die wässrige Phase mit EtOAc extrahiert, die vereinigten organischen Phasen über $MgSO_4$ getrocknet und das Lösungsmittel *in vacuo* entfernt. Durch säulchenchromatographische Reinigung ($EtOAc:CH_2Cl_2/1:1$) wurde Produkt **53** als farbloses Öl erhalten (12 mg, 0.04 mmol, 55 %).

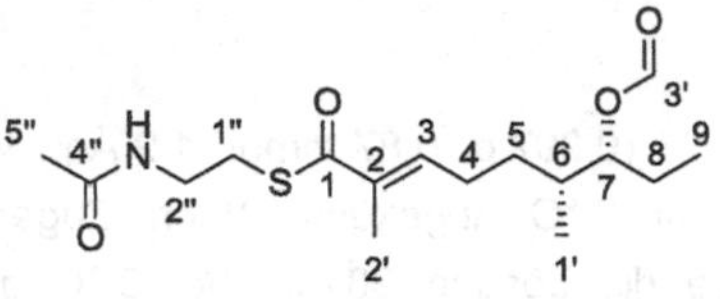

80

Das nicht reproduzierbare als Nebenprodukt gebildete Formiat **80** wurde zur Umwandlung in Produkt **53** in Phosphatpuffer (2 mL, pH8) gelöst, eine Spatelspitze Schweineleberesterase hinzugegeben und bei RT gerührt. Nach 4 h wurde die Lösung mit EtOAc extrahiert, die vereinigten organischen Phasen über $MgSO_4$ getrocknet und das Lösungsmittel *in vacuo* entfernt. Durch säulchenchromatographische Reinigung ($EtOAc:CH_2Cl_2/1:1$) wurde Produkt **53** als farbloses Öl erhalten.

Formiat 80: ^{1}H NMR (400 MHz, $CDCl_3$): δ [ppm] = 8.14 (s, 1H, H-3'), 6.72 (td, J = 7.2 Hz, 2H, H-3), 5.86 (bs, NH), 4.95 (dt, J = 8.5, 4.4 Hz, 1H, H-7), 3.45 (q, J = 5.86 Hz, 2H, H-2''), 3.09-3.05 (m, 2H, H-1''), 2.36-2.15 (m, 2H, H-4), 1.97 (s, 3H, H-5''), 1.88 (s, 3H, H-2'), 1.77-1.21 (m, 4H, H-8, H-5), 1.39-1.21 (m, 1H, H-6) 0.95 (d, J = 6.83 Hz, 3H, H-1'), 0.90 (t, J = 7.4 Hz, 3H, H-9).

Produkt 53: R$_f$ ($CH_2Cl_2:EtOAc/1:1$): 0.12; **^{1}H NMR** (400 MHz, $CDCl_3$): δ [ppm] = 6.76 (td, *J* = 7.3, 1.2 Hz, 1H, H-3), 5.87 (bs, NH), 3.48-3.41 (m, 3H, H-2'', H-7), 3.06 (t, *J* = 6.3 Hz, 2H, H-1''), 2.34-2.17 (m, 2H, H-4), 1.96 (s, 3H, H-5''), 1.88 (s, 3H, H-2'), 1.67-1.24 (m, 6H, H-8, H-6, H-5), 0.96 (t, *J* = 7.4 Hz, 3H, H-1'), 0.90 (d, *J* = 6.6 Hz, 3H, H-9); **^{13}C NMR** (100 MHz, $CDCl_3$): δ [ppm] = 194.0 (q, C-1), 170.3 (q, C-4''), 142.2 (t, C-3), 135.6 (q, C-2), 76.4 (t, C-7), 39.9 (s, C-2''), 37.6 (s, C-5), 32.1 (t, C-6), 29.7 (s, C-1''), 28.5 (s, C-4), 26.7 (s, C-8), 23.3 (p, C-5''), 13.4 (p, C-1'), 12.5 (p, C-2'), 10.7 (p, C-9); **HRMS** (ESI): m/z für $C_{15}H_{27}NO_3S$ $[M+Na]^+$: berechnet 324.1609, gefunden 324.1620.

6.4 Synthese des vereinfachten Substrates 81

(4*S*)-4-Benzyl-3-[(3*R*)-3-hydroxy-2-methylpentanoyl)oxazolidin-2-on (85)

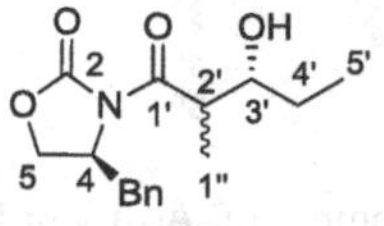

O O OH 2 2' 4' 5' O N 1' 3' 5 4 Bn 1''
85

(4*S*)-4-Benzyl-3-propionyl-2-oxazolidinon (0.3 g, 1.28 mmol, 1.0 Äq.) wurde in trockenem CH_2Cl_2 (10 mL) gelöst und auf 0 °C abgekühlt. $n$$Bu_2BOTf$ (1 M in CH_2Cl_2, 1.54 mL, 1.54 mmol, 1.2 Äq.) wurde langsam über 15 min zur Lösung zugetropft. Nach Zugabe von DIPEA (0.25 mL, 1.48 mmol, 1.15 Äq.) wurde die Lösung 30 min bei 0 °C gerührt und anschließend auf -78 °C abgekühlt. In einem separaten Kolben wurde Et_2AlCl (1 M in Hexan, 3.84 mL, 3.84 mmol, 3.0 Äq.) in CH_2Cl_2 (5 mL) auf -78 °C gekühlt, mit Propionaldehyd, welcher ebenfalls auf -78 °C gekühlt wurde, versetzt und 5 min bei -78 °C gerührt. Die Lösung wurde mittels Transferkanüle zur Reaktion hinzugegeben. Nach 4 h bei -78 °C wurde die Lösung auf 0 °C erwärmt und durch Zugabe von Phosphatpuffer (pH 6.9, 4 mL) beendet. Ein Gemisch aus 30%-H_2O_2/MeOH (1:5, 12 mL) wurde langsam über 30 min zu getropft und die Lösung im Anschluss 1 h bei 0 °C gerührt. Die wässrige Phase wurde mit CH_2Cl_2 extrahiert, die vereinigten organischen Phasen mit gesättigter $NaHCO_3$- und gesättigter NaCl-Lösung gewaschen, über $MgSO_4$ getrocknet und das Lösungsmittel *in vacuo* entfernt. Säulenchromatographische Reinigung (EtOAc:PE/7:1) ergab Produkt **85** als farblosen kristallinen Feststoff (200 mg, 0.69 mmol, 54 %).

R_f (EtOAc:PE/7:1): 0.14; **^{1}H NMR** (400 MHz, $CDCl_3$): δ [ppm] = 7.35-7.18 (m, 5H, Bn), 4.71-4.64 (m, 1H, H-4), 4.22-4.12 (m, 2H, H-5), 3.94-3.81 (m, 1.6H, H-3', H-2'), 3.70-3.61 (m, 0.4H, H-3'), 3.33-3.26 (m, 1H, $BnCH_2$), 2.80-2.58 (m, 2H, $BnCH_2$, OH), 1.73-1.42 (m, 2H, H-4'), 1.19 (m, 3H, H-1''), 1.00 (q, J = 7.4 Hz, 3H, H-5'); **^{13}C NMR** (100 MHz, $CDCl_3$): δ [ppm] = 177.1 (q, C-2), 176.9 (q, C-2), 153.6 (q, C-1'), 153.2 (q, C-1'), 135.2 (q, Bn), 135.2 (q, Bn), 129.4 (t, Bn), 129.4 (t, Bn), 128.9 (t, Bn), 128.9 (t, Bn), 127.4 (t, Bn), 127.3 (t, Bn), 75.9 (t, C-3'), 73.3 (t, C-3'), 66.2 (s, C-5), 66.0 (s, C-5), 55.5 (t, C-4), 55.3 (t, C-4), 42.9 (t, C-2'), 41.8 (t, C-2'), 38.0 (s, $BnCH_2$), 37.8 (s, $BnCH_2$), 27.8 (s, C-4'), 26.9 (s, C-4'), 14.6 (p, C-1''), 10.5 (p, C-1''), 10.1 (p, C-5'), 9.8 (p, C-5'); **HRMS** (ESI): m/z für $C_{16}H_{21}NO_4$ $[M+Na]^+$: berechnet 314.1368, gefunden 314.1734.

(3*R*)-3-Hydroxy-2-methylpentansäure (89)

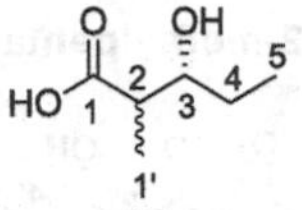

Aldol-Produkt **85** (85 mg, 0.29 mmol, 1.0 Äq.) wurde in THF/H_2O (3:1, 8 mL) gelöst und auf 0 °C abgekühlt. Nach Zugabe von H_2O_2 (30 %, 0.40 mL, 3.24 mmol, 11.1 Äq.) und LiOH-Monohydrat (24 mg, 0.70 mmol, 2.4 Äq.) wurde die Lösung 4 h bei 0 °C gerührt. Die Reaktion wurde durch Zugabe von $NaHSO_3$ (1.5 M, 2 mL) beendet, die organischen Lösungsmittel *in vacuo* entfernt und der wässrige Rückstand mit NaOH (2 M) auf pH 10 gebracht. Die wässrige Phase wurde mit Et_2O gewaschen, anschließend mit HCl (5 M) auf pH 1 gebracht, mit gesättigter NaCl-Lösung versetzt und mit EtOAc extrahiert. Die vereinigten organischen Phasen wurden über $MgSO_4$ getrocknet und das Lösungsmittel *in vacuo* entfernt. Produkt **89**, welches als farbloses Öl erhalten wurde, wurde ohne weitere Reinigung in der nächsten Stufe eingesetzt.

(3*R*)-*S*-(2-Acetamidoethyl)-3-hydroxy-2-methylpentanthioat (81)

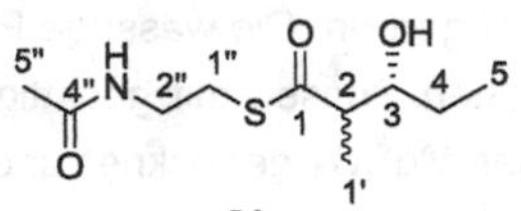

Zu einer auf 0 °C abgekühlten Lösung aus Carbonsäure **89** (27 mg, 0.20 mmol, 1.0 Äq.) in trockenem CH_2Cl_2 (2.5 mL) wurden 4-DMAP (4 mg, 0.04 mmol, 0.2 Äq.), DIC (48 µL, 0.31 mmol, 1.5 Äq.) und SNAC (49 mg, 0.41 mmol, 2.0 Äq.) hinzugegeben, die Lösung auf Raumtemperatur erwärmt und 48 h gerührt. Die organischen Lösungsmittel wurden *in vacuo* entfernt. Säulenchromatographische Reinigung (EtOAc:CH_2Cl_2/2:1) ergab Produkt **81** als farbloses Öl (30 mg, 0.13 mmol, 44 % über 2 Stufen).

R$_f$ (CH_2Cl_2/EtOAc, 1:2): 0.09; **^{1}H NMR** (400 MHz, $CDCl_3$): δ [ppm] = 5.94 (bs, 1H, NH), 3.83 (dt, *J* = 8.1, 4.3 Hz, 0.4H, H-3), 3.69-3.61 (m, 0.6H, H-3), 3.52-3.37 (m, 2H, H-2''), 3.09-2.96 (m, 2H, H-1''), 2.80-2.69 (m, 1H, H-2), 2.47 (m, 1H, OH), 1.96 (s, 1H, H-5''), 1.65-1.35 (m, 2H, H-4), 1.20 (d, *J* = 7.2 Hz, 3H, H-1'), 0.99-0.94 (m, 3H, H-9); **^{13}C NMR** (100 MHz, $CDCl_3$): δ [ppm] = 204.2 (q, C-1), 204.2 (q, C-1), 170.5 (q, C-4''), 75.1 (t, C-3), 73.6 (t, C-3), 53.8 (t, C-2), 53.0 (t, C-2), 39.4 (s, C-2''), 28.6 (s, C-

1“), 27.7 (s, C-4), 27.2 (s, C-4), 23.2 (p, C-5“), 15.1 (p, C-1‘), 11.1 (p, C-1‘), 10.4 (p, C-5), 9.8 (p, C-5); **HRMS** (ESI): m/z für $C_{10}H_{19}NO_3S$ $[M+Na]^+$: berechnet 256.0983, gefunden 256.0817.

7 Anhang

7.1 Plasmidkarten

7.1.1 pMK_Amb6

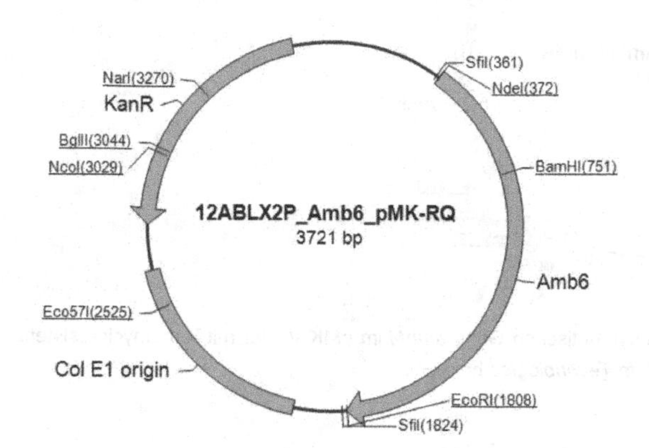

Abbildung 36: Plasmidkarte des synthetischen Gens *amb6* im pMK-Vektor mit Kanamycinresistenz. Der Vektor wurde von der Firma *Life Technologies* bezogen.

7.1.2 pMK_AmbDH3

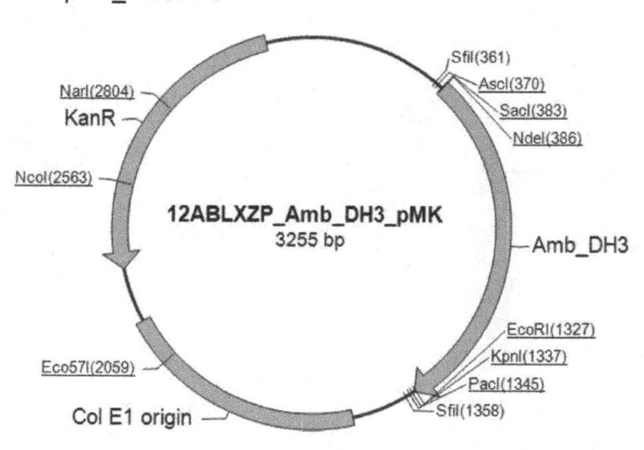

Abbildung 37: Plasmidkarte des synthetischen Gens *ambDH3* im pMK-Vektor mit Kanamycinresistenz. Der Vektor wurde von der Firma *Life Technologies* bezogen.

7.1.3 pMK_AmbM

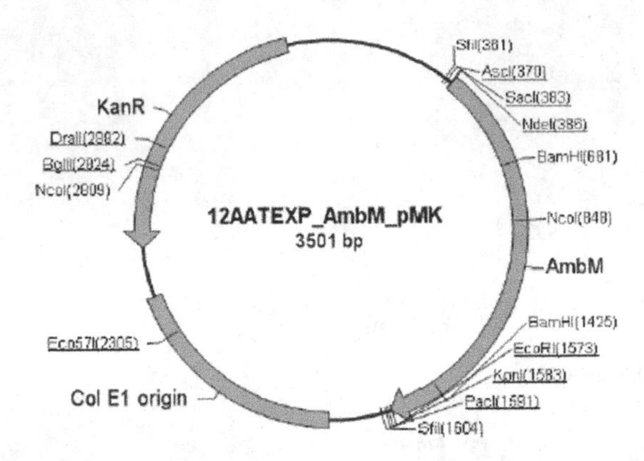

Abbildung 38: Plasmidkarte des synthetischen Gens *ambM* im pMK-Vektor mit Kanamycinresistenz. Der Vektor wurde von der Firma *Life Technologies* bezogen.

7.2 Gensequenzen

7.2.1 Synthetisches Gen amb6

1	CATATGCAGC	GTCGTCTGGA	TGGTGAAATT	GAACTGCAGC	GTGATCGTGC
51	ACATCGTGAT	AGCGAACGTT	ATGCCCGTCG	TCCGCGTGGT	GCTCCGCGTG
101	CACCAGCACC	AGCAAGTCCG	GCACCTCGTG	CACCGGTTAG	CAGCGTTCTG
151	TGGACCGTTA	TTCCGGTGAG	CAGCACCCTG	CGTGCAATGC	CTGCACGTAC
201	ACCGCGTAAA	CCGCCTCCGC	CTGCAAGCCC	TGCAGGTCCT	GCCGGTGCTC
251	CGGATGATCT	GAGCGATAGC	GATCGTGATG	CACTGCTGCG	TTGGCGTCTG
301	GCACTGGGTC	CGGAAGCAGA	ACGTGTTGAT	CCGCGTCTGA	GTCTGGGTGG
351	CCTGGGTGGT	GCTGCACCGG	CACTGGATGT	GGATCCTCGT	CGCCTGGGTG
401	ATCTGGATAA	AGCACTGAGC	TTTATCTATG	ATGAACGTGC	AGGTAATCTG
451	GGTGGTAGCC	GTCCGTATGT	TCCGGAATGG	CTGAGCGCAG	TTCGTGAATT
501	TTTCAGCCAT	GAAGTTGTTG	CACTGGTTCA	GAAAGATGCC	ATTGAACGTA
551	AAGGTCTGAC	CCAGCTGCTG	TTTGAACCGG	AAACCCTGCC	GTTTCTGGAA
601	AAAAATGTTG	AACTGGTTGC	CACCCTGATG	AGCGCAAAAG	GCCTGATTCC
651	GGATGCAGCA	CGTGAAACCG	CACGTCAGAT	TGTTCGTGAA	GTTGTGGAAG
701	AAGTTCGTCG	CGCACTGGAA	AGCGAAGTTC	GTACCGCAGT	TCTGGGTGCA
751	CTGCGTCGTA	ATACCACCAG	TCCGCTGCGT	GTTCTGCGTA	ATCTGGATTG
801	GAAACGTACC	ATTCGCAAAA	ATCTGAAAGG	TTGGGATGCA	GAACGTCGCC
851	GTCTGGTTCC	GGATAAACTG	TATTTTTGGG	CAAATCAGAC	CCGTCGTCAT
901	GAATGGGATG	TTGCAATTCT	GGTTGATCAG	AGCGGTAGCA	TGGGTGAAAG
951	CGTTGTTTAT	AGCAGCATTA	TGGCAGCAAT	TTTTGCAAGC	CTGGATGTGC
1001	TGCGTACCCG	TCTGCTGTTT	TTTGATACCG	AAGTGGTTGA	TGTTACCCCG
1051	ATGCTGGTAG	ATCCGGTTGA	TGTGCTGTTT	ACCGCACAGC	TGGGTGGCGG
1101	TACAGATATT	AATCGTGCAG	TTGCCTATGC	ACAGGCCAAC	TTTATTGAAC
1151	GTCCGGAAAA	AACCCTGCTG	ATTCTGATTA	CCGACCTGTT	TGAAGGTGGT
1201	AATGCAGAAG	AACTGGTAGC	ACGTATGCGT	CAGCTGGCAG	ATAGCAAAGT
1251	TAAAAGCATT	TGTCTGCTGG	CACTGAGTGA	TGGTGGTAAA	CCGAGCTATG
1301	ATCATGAAAT	GGCACAGAAA	CTGGCAGCAC	TGGGCACCCC	GTGTTTTGGT
1351	TGTACCCCGA	AACTGCTGGT	TAAAGTTGTT	GAACGTCTGA	TGCGTGGTCA
1401	GGATCTGGGT	CCGCTGCTGG	GTGCAGAAGC	ACGTTAAGAA	TTC

7.2.2 Synthetisches Gen ambDH3

1	CATATGGAAG	CACCGCGTGG	TCGTGCAGGT	CTGGAAAGCG	GTGGTCTGCT
51	GGCAGTTAAA	CATCCGTGGC	TGAGCGCAGC	AGTTCGTCTG	GCAGATCGTG
101	ATGGTTATGT	TCTGAGCGGT	CGTCTGAGCA	CCGTTGAACA	TGCATGGGTT
151	CTGGATCATG	TTGTTCTGGG	CACCGTTATT	CTGCCTGGCA	CCGCATTTGT
201	TGAACTGGCA	CTGGCAGCAG	CAGATGCAGT	TGGTCTGCCG	AGCGTTAGCG
251	AACTGACCAT	TGAAGCTCCG	CTGGCACTGC	CTGCACGTGG	TGCAGTTACC
301	CTGCAGGTTA	CCGTTGAAGC	ACTGGATGCA	ACCGGTCGTC	GTGGTTTTGC
351	AGTTCATAGC	CGTCCGGATG	GTGCCCATGA	TGCACCGTGG	ACCGCACATG
401	CCCGTGGTGT	TCTGGGTGCA	GCACCGGCAG	CTGCAACCAC	CGCATGGGCA
451	GCTGGTGCAT	GGCCTCCGGC	TGGTGCAGAA	CCGGTTGATG	TTACCCGTTG
501	GGTGGAAGCC	CTGGACGCAT	GGGTTGGTCC	GGCATTTCGT	GGTGTTACCG
551	CAGCATGGCG	TGTTGGTCGT	AGCATTTATG	CAGATCTGGC	CCTGCCGGAA
601	GGTGTGAGCG	AACGTGCACA	GGATTTTGGT	CTGCATCCGG	CACTGCTGGA
651	TGCCGCACTG	CAGGCCCTGC	TGCGTGCCGA	ACTGGGTGCC	GGTAGCAGTC
701	CGCGTGAAGG	TATTCCGATG	CCGTTTGCAT	GGTCAGATGT	TGCACTGGAA
751	GCGCGTGGTG	CCGCAGCACT	GCGTGCCCGT	GTTGAAGTTG	AAGATGCAAG
801	TGATGGTGAT	CAGCTGGCAG	CAAGCATCGA	ACTGGCAGAT	GCACAGGGTC
851	AGCCGGTTGC	ACGTGCCGGT	ACATTTCGTG	CACGTTGGGC	AACCGCAGAA
901	CATGTGCGTA	AAGCAGCAGC	GGGTGCAAGT	GAACGTGATT	AAGAATTC

7.3.3 Synthetisches Gen ambM

1 CATATGATCT GCTTTGTTCC GGCACTGCGT CGTATGGGTG CAACACCGGC
51 ACGTATTTGT ATGCGTCAGC GTCTGGATGT TACCGATCTG TATAATGATG
101 CATATACCGC CTATATTGAA GCCTTTCGTC GTCAGACCGA ACTGGTTGCA
151 AGCGAAATTC TGCTGGAACA TCTGGTTGAT CAGAGCGGTG CAGTTCAGGT
201 TCTGGATGAT CGTCCGGAAA GCGCACCGAG CGTTACCGCA TATCAGTTTC
251 GTCGTAAACT GCTGGATTAT TTCAGCGATA AAGGTGATCT GATTCAGGAT
301 CCGAGCGGTC GTCTGGTTCC GAGCGAAGCA GTTCGTAAAC GTGTTGCAGA
351 ACGTGAAGCA ATGGAACTGG CAGATCGTGC AATTCTGGGT GAAATGGTTG
401 AATTTCTGCA GCGTTATCGT GGTCTGGCAG GTCCGGTGCT GGCAGGTAAA
451 GATGCACTGG CAACCATGGA TCTGCAGTAT GGTATGCAGG CAAGCCTGAA
501 ATTTTGGGAA TATAGCATGA TTAGCCTGCC TGCAAAAAAA CCGTGTAATG
551 TTATGCTGGC ACGTGCACTG ATGGCAAAAC ATGGCAAAAC TCCGGGTATT
601 AGCGTTTTTG AAGGTGGTGC AGGTCTGGGT GTTGTTCTGC GTCAGGCACT
651 GAGCGATCCG CGTTTTCTGC CGCTGAGCCG TAATCTGGTT CGTTATGATT
701 ATACCGATAT TAGCGCACTG CTGATGGAAA CCGGTAAACA GTGGCTGCGT
751 ACCCATGCAC CGGCAGACCT GTTTCAGCGT ATTCATTTTC AGCGCCTGGA
801 TCTGGATGCA CTGCCGAGCG CAGGTAATAC CTTTGCCCGT GCAGCAAGCG
851 TGGATCTGAT TGTTCTGGAA CATGTGCTGT ATGATGTTCG TGATCTGCAT
901 GCAACCCTGC AGGCATTTCA TACCATGCTG AAACCGGGTG GTCAGCTGGC
951 ATTTACCATG AGCTTTCGTG ATCGTCCTGG TCTGTTTTTT CCGAACGAAT
1001 TTTTTCAGAG TATGCTGCAC ACCTACAGCA AAGCCAAACT GGATCCTCCG
1051 CGTCGTCAGC ATGTTGGTTA TCTGACCCTG CAAGAATGGG AACTGAGCCT
1101 GCGTGCAGCA GGTTTTAGCG AATGGGAAGT TTATCCGGCA CCGGAAGATC
1151 ATGCAAAATG GCCGTTTGGT GGTATTGTTG CATATCGTTA GAATTC

7.3 Spektrenanhang[41]

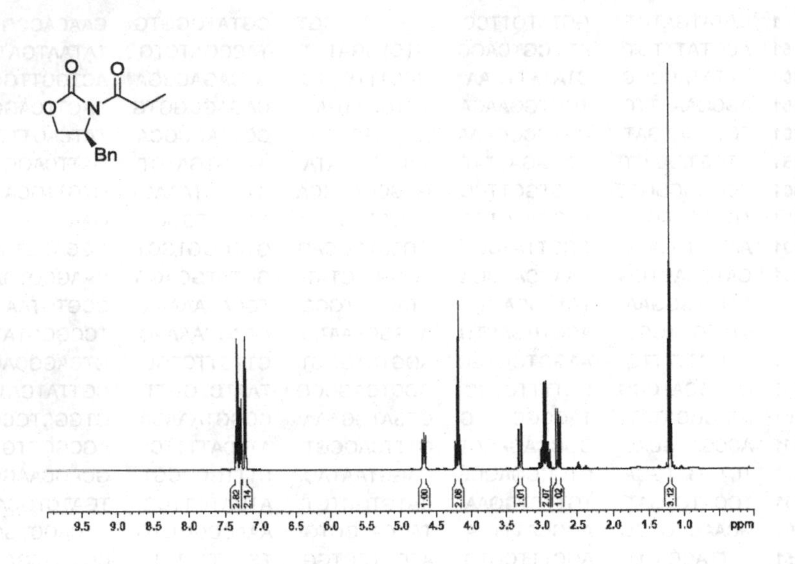

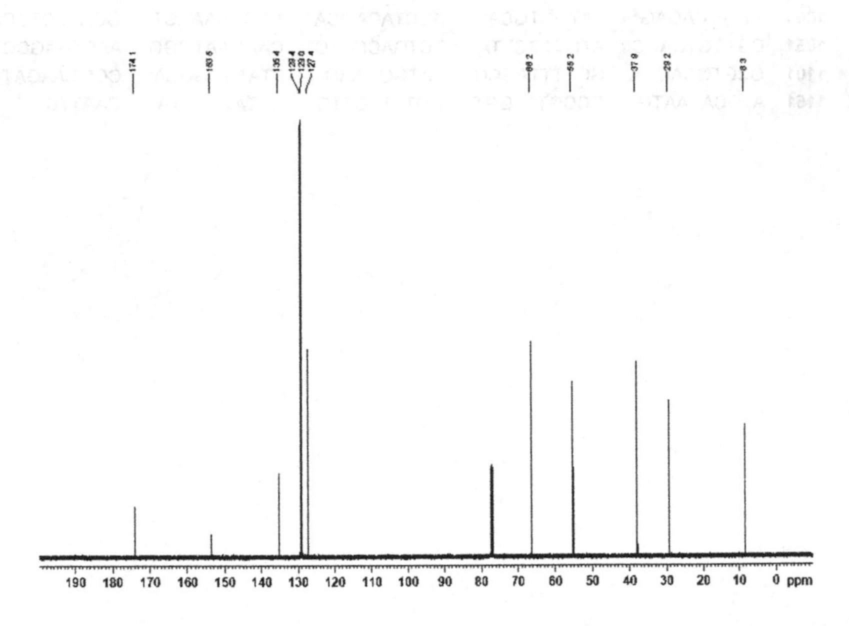

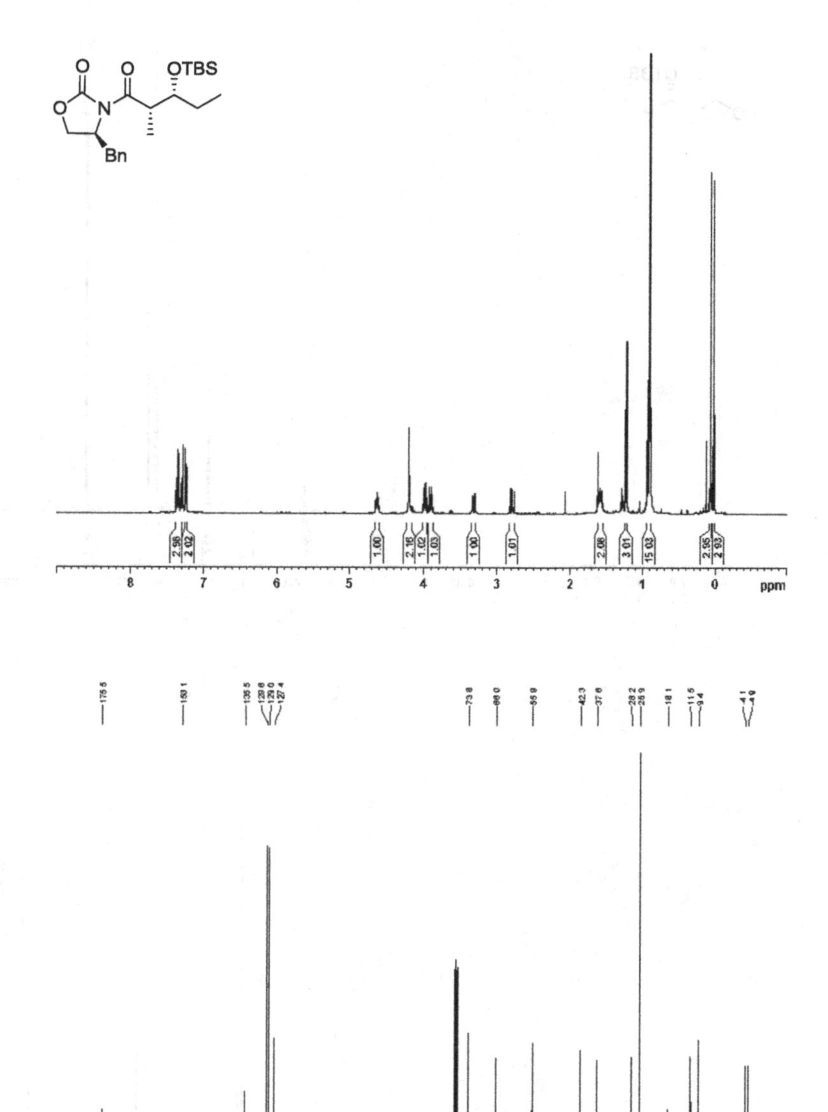
O
O
OTBS
O
N
Bn
ppm
ppm

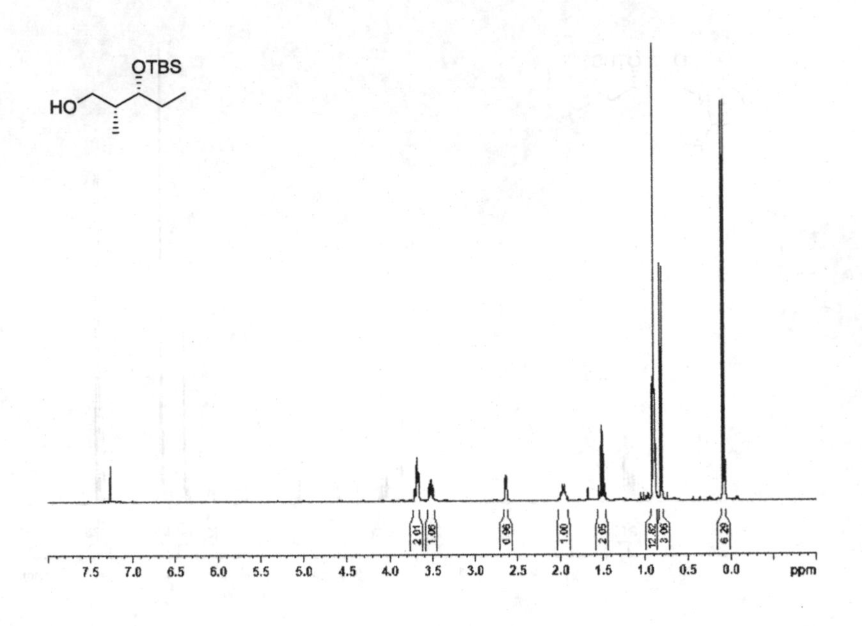
OTBS
HO
2.01
1.06
0.96
1.00
2.05
12.82
3.06
6.20
7.5
7.0
6.5
6.0
5.5
5.0
4.5
4.0
3.5
3.0
2.5
2.0
1.5
1.0
0.5
0.0
ppm

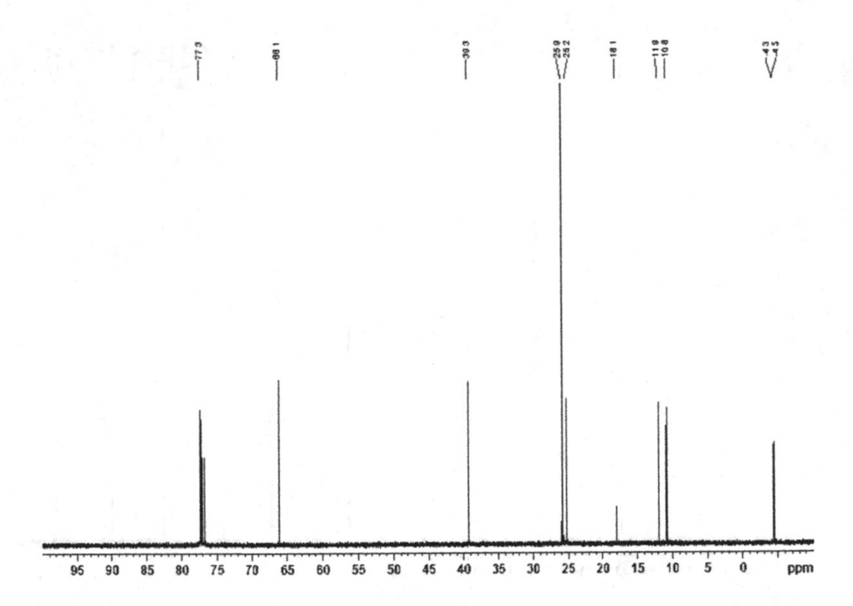
95
90
85
80
75
70
65
60
55
50
45
40
35
30
25
20
15
10
5
0
ppm

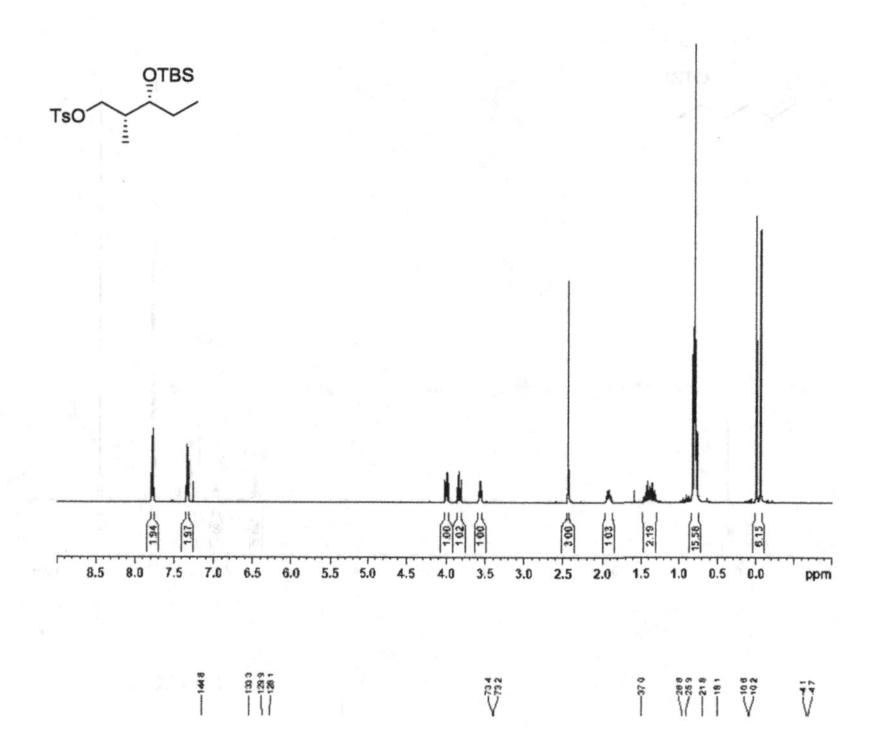
OTBS
TsO
1.94
1.97
1.00
1.02
1.00
3.00
1.03
2.19
15.58
6.15
8.5
8.0
7.5
7.0
6.5
6.0
5.5
5.0
4.5
4.0
3.5
3.0
2.5
2.0
1.5
1.0
0.5
0.0
ppm

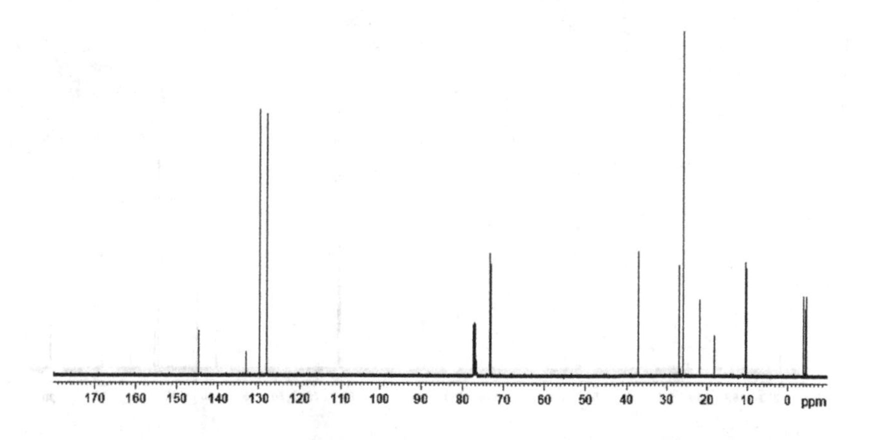
170
160
150
140
130
120
110
100
90
80
70
60
50
40
30
20
10
0
ppm

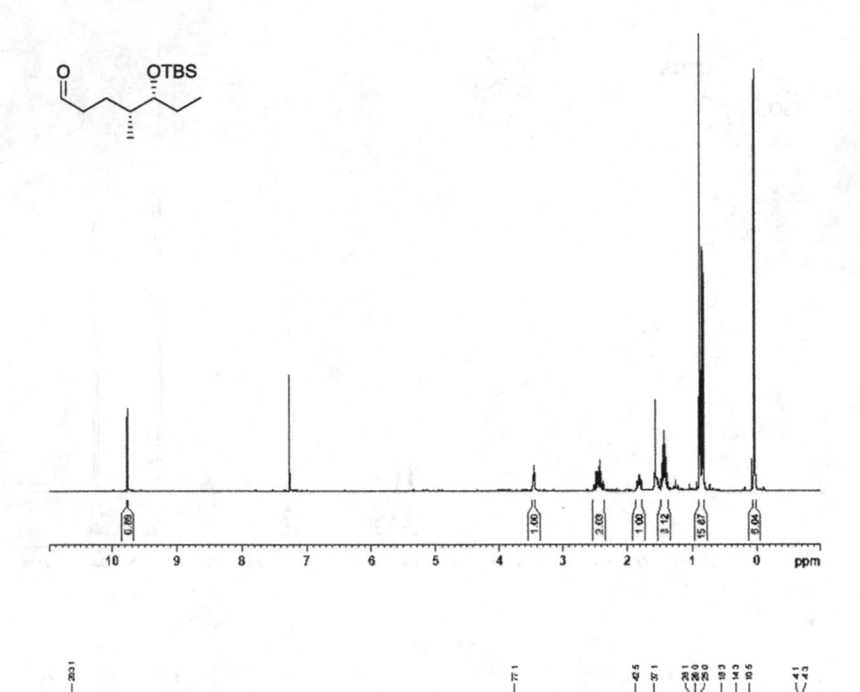
O
OTBS
0.89
1.00
2.03
1.00
3.12
15.87
6.04
10
9
8
7
6
5
4
3
2
1
0
ppm

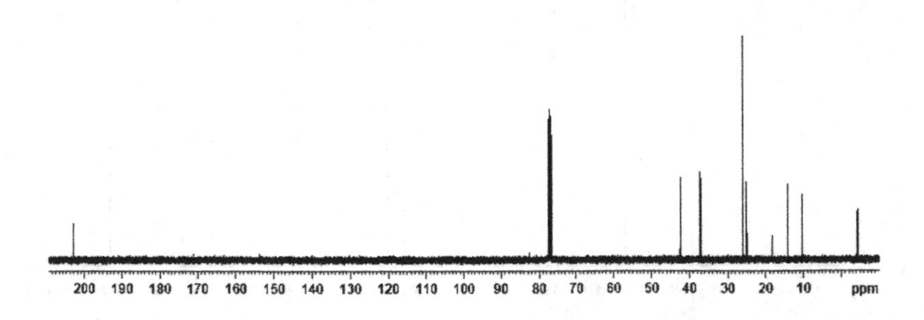
203.1
77.1
42.5
37.1
26.1
26.0
25.0
18.3
14.3
10.5
-4.1
-4.3
200
190
180
170
160
150
140
130
120
110
100
90
80
70
60
50
40
30
20
10
ppm

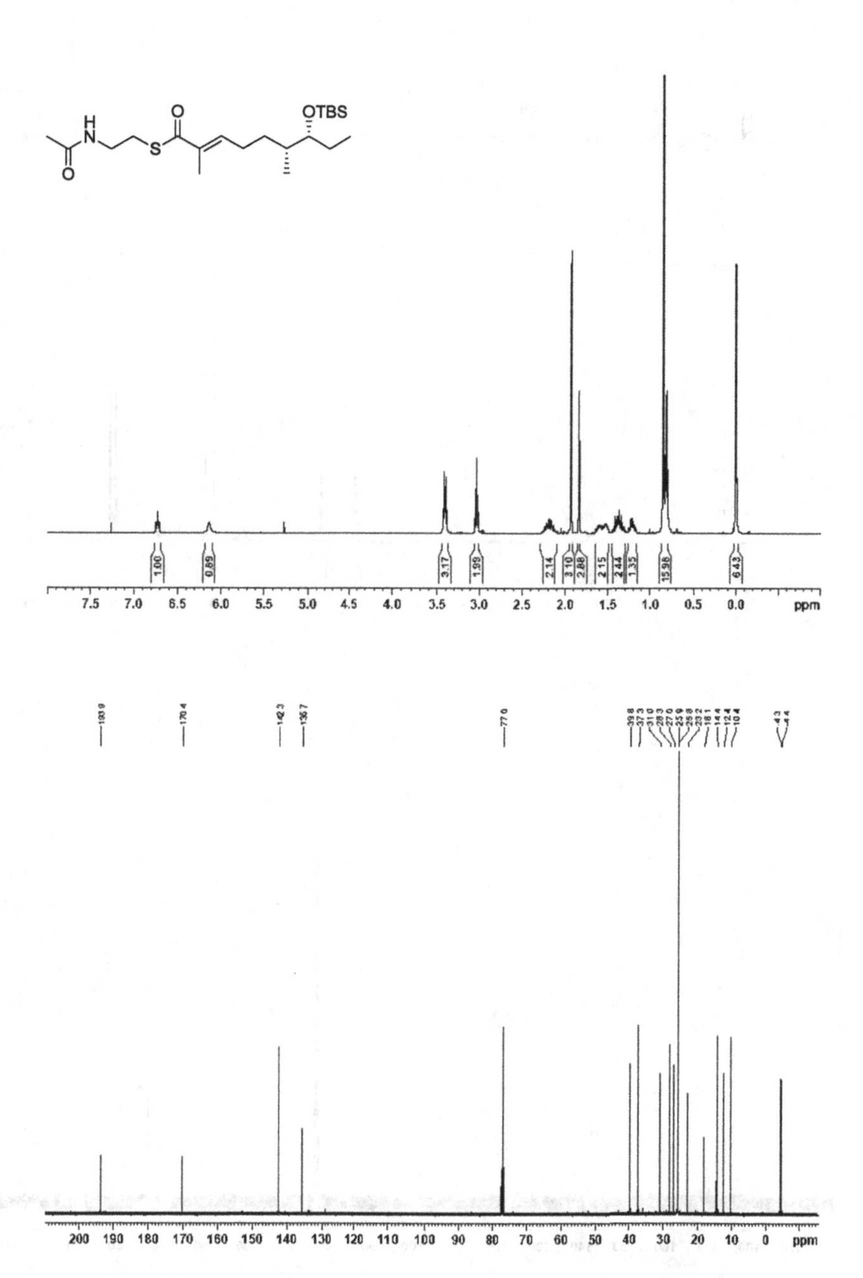

H
N
O
S
O
OTBS
1.00
0.89
3.17
1.99
2.14
3.10
2.88
2.15
2.44
1.35
15.98
6.43
7.5 7.0 6.5 6.0 5.5 5.0 4.5 4.0 3.5 3.0 2.5 2.0 1.5 1.0 0.5 0.0 ppm
193.9
170.4
142.3
135.7
77.0
39.8
37.3
31.0
28.3
27.0
25.9
25.8
23.2
18.1
14.4
12.4
10.4
-4.3
-4.4
200 190 180 170 160 150 140 130 120 110 100 90 80 70 60 50 40 30 20 10 0 ppm

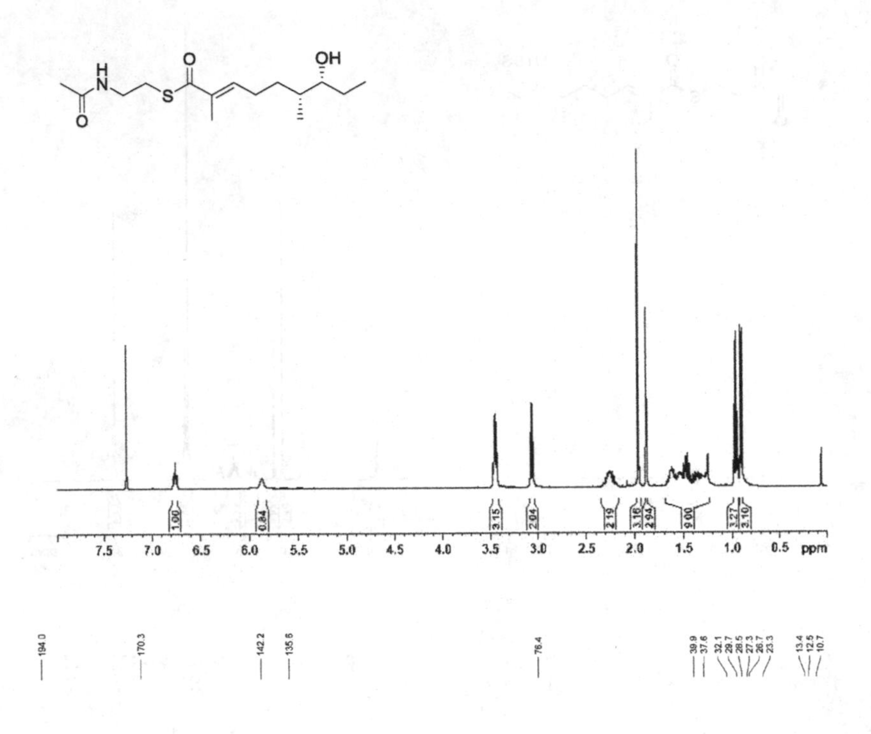
OH
H
N
O
S
O
1.00
0.84
3.15
2.04
2.19
3.16
2.94
9.00
3.27
3.10
7.5
7.0
6.5
6.0
5.5
5.0
4.5
4.0
3.5
3.0
2.5
2.0
1.5
1.0
0.5
ppm

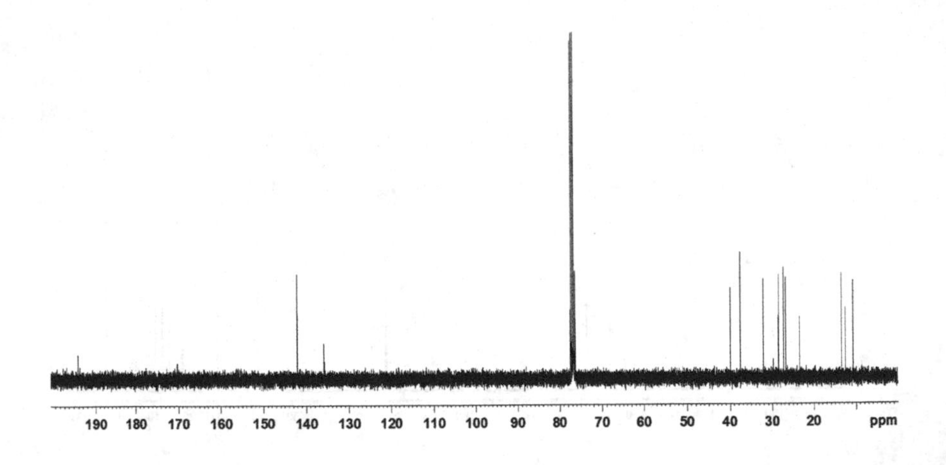
194.0
170.3
142.2
135.6
76.4
39.9
37.6
32.1
28.7
28.5
27.3
26.7
23.3
13.4
12.5
10.7
190
180
170
160
150
140
130
120
110
100
90
80
70
60
50
40
30
20
ppm

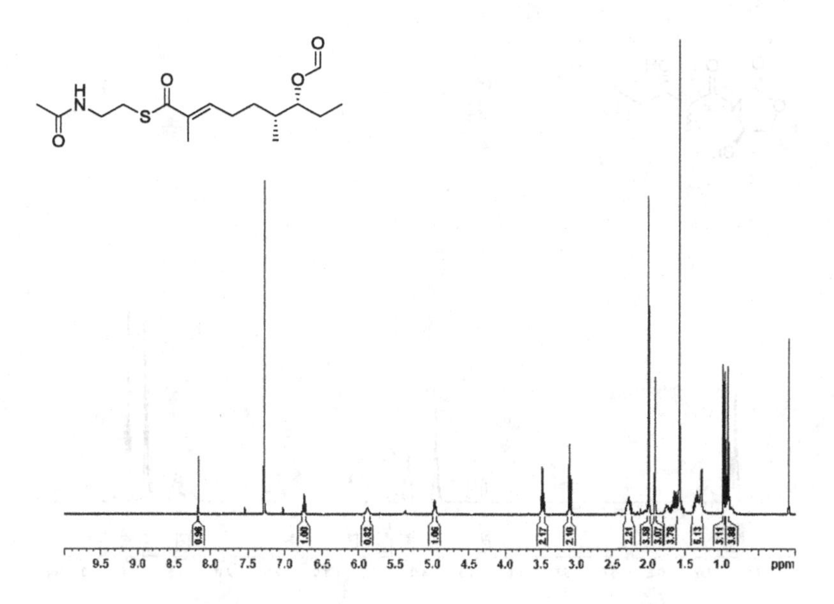

O
H
N
S
O
O
O
0.98
1.00
0.82
1.06
2.17
2.10
2.21
3.50
3.07
3.78
6.13
3.11
3.80
9.5
9.0
8.5
8.0
7.5
7.0
6.5
6.0
5.5
5.0
4.5
4.0
3.5
3.0
2.5
2.0
1.5
1.0
ppm

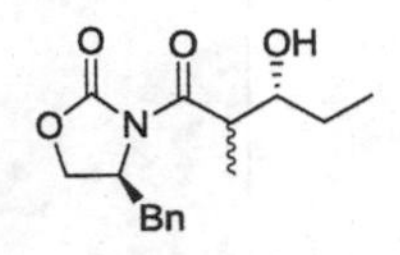
O
O
OH
O
N
Bn

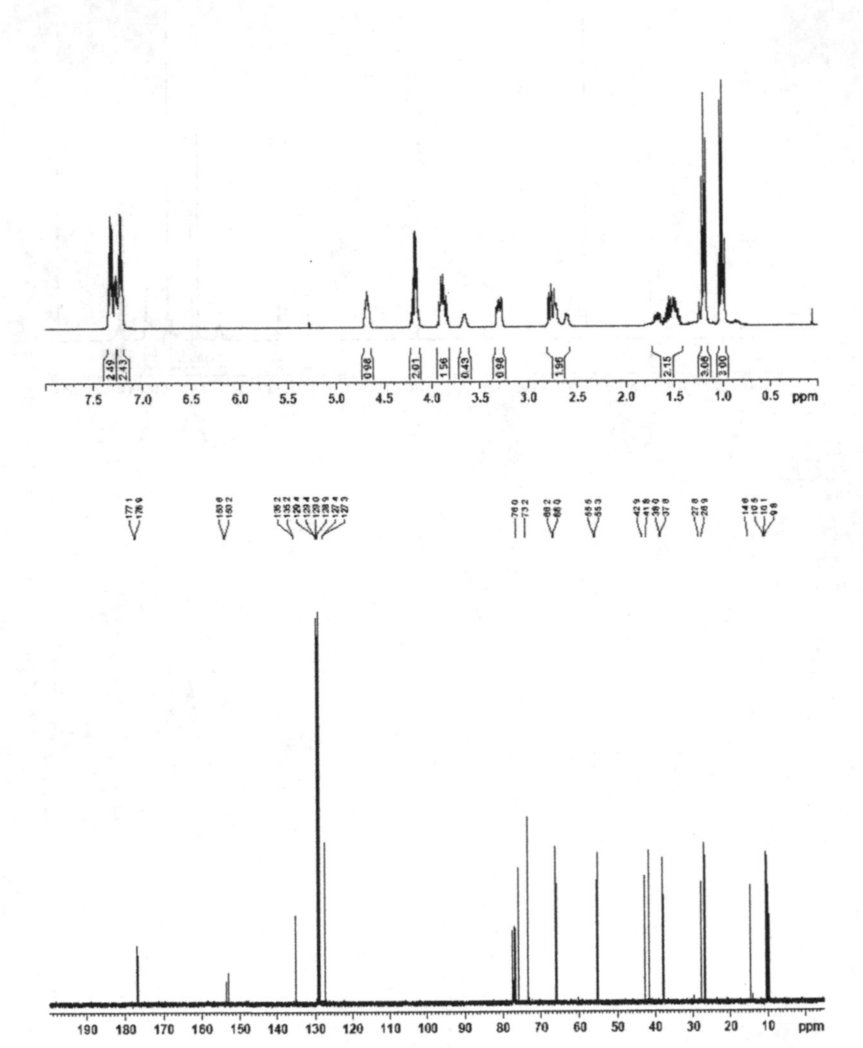

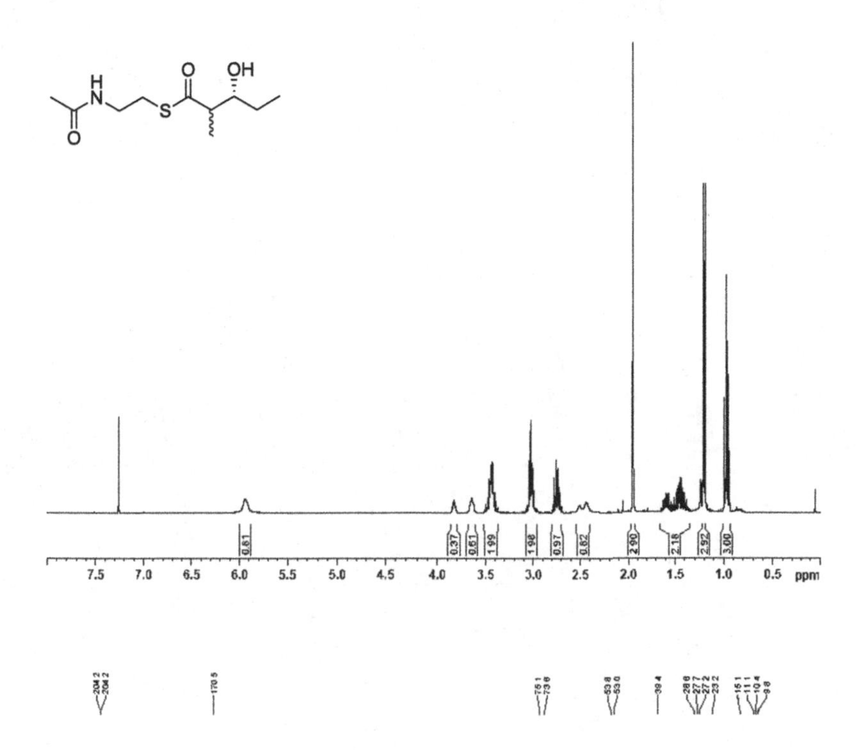

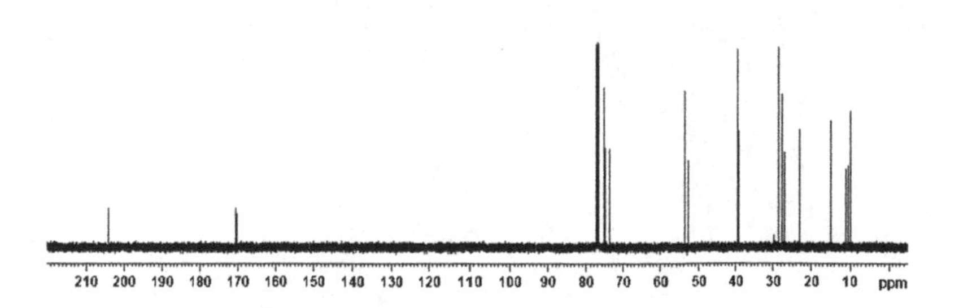